U0132419

尋蟲記

大城市小生物的
探索之旅

增訂版

前漁農處處長
李熙瑜 著

商務印書館

尋蟲記 —— 大城市小生物的探索之旅（增訂版）

作　　者：李熙瑜

責任編輯：林婉屏　譚欣翠　張宇程

封面設計：張志華

出　　版：商務印書館 (香港) 有限公司

　　　　　香港筲箕灣耀興道 3 號東滙廣場 8 樓

　　　　　http://www.commercialpress.com.hk

發　　行：香港聯合書刊物流有限公司

　　　　　香港新界荃灣德士古道 220-248 號荃灣工業中心 16 樓

印　　刷：美雅印刷製本有限公司

　　　　　九龍官塘榮業街 6 號海濱工業大廈 4 樓 A 室

版　　次：2021 年 9 月第 1 版第 2 次印刷

　　　　　©2018 商務印書館 (香港) 有限公司

　　　　　ISBN 978 962 07 6609 1

　　　　　Printed in Hong Kong

作者簡介

　　李熙瑜，香港著名生物學家，前漁農處處長。一生與生物結下不解緣，大學時修讀生物，畢業後於香港中文大學任生物系助教，後來加入市政事務署轄下防治蟲鼠組，天天與蛇蟲鼠蟻為伍，卻不亦樂乎。

　　一輩子尋蟲、看蟲、研究蟲，現雖已退休多年，但對生物仍熱情不減，並將其興趣延續至新一代，與兩名孫兒齊齊以"尋蟲"為樂。

　　李博士亦曾任郊野公園管理局局長，現時為嘉道理農場暨植物園董事，著作有《香港農作昆蟲名錄》、《尋蟲記——大城市小生物的探索之旅》、《尋蟲記 2——蟲中取樂》及《尋蟲記 3——各出奇謀》。《尋蟲記》入選香港電台第五屆"香港書獎"提名書目；《尋蟲記 2》入選香港電台第九屆"香港書獎"提名書目，並榮獲第一屆香港出版雙年獎（兒童及青少年組別）；《尋蟲記 3》榮獲第十二屆"香港書獎"。

再版序 | 見證十年難忘經歷

自從這本《尋蟲記——大城市小生物的探索之旅》初版在2011年11月出版起，得到的公眾反應相當不錯。在第五屆（2012年）的"香港書獎"中，本書獲選為"提名書目"內的書籍之一，對初試啼聲寫作的我，已感到相當鼓舞。

還記得，當年在編製書籍過程中，我了解到用於印刷書籍的相片，需要有高清晰度，於是其後採用像素較高的攝影機，及安裝了一座簡單的顯微鏡攝錄機，使我能在室內更易觀察和記錄小蟲蟲的趣味生活習性。

《尋蟲記——大城市小生物的探索之旅》在第五屆（2012年）"香港書獎"中，獲選為"提名書目"內的書籍之一。

此書重燃了我對生物的興趣，驅使我持續拍攝和蒐集小蟲蟲高質素的相片，並撰寫了《尋蟲記2──蟲中取樂》，在2015年2月出版。隨後，我獲邀出席不少講座，旨在引發市民對自然科學的興趣，得到的反應非常正面。與此同時，有趣味而高質素的相片越儲越豐富，於是我再鼓起勇氣，撰寫《尋蟲記3──各出奇謀》。

《尋蟲記2》出版後，引起了讀者對系列第一冊《尋蟲記》的濃厚興趣，出版社之後收到大量查詢，讀者都希望可以買到這本已告售罄的第一冊。

在撰寫《尋蟲記3》時，喜聞《尋蟲記2》在2017年7月獲選為2015~2016年度"香港出版雙年獎"之"兒童及青少年組別"得獎書籍，令我和出版社都感到十分鼓舞。

我與商務印書館編輯張宇程先生在"香港出版雙年獎"頒獎典禮中同享得獎喜悅。

商務印書館見此成績，亦有鑒於讀者對《尋蟲記》系列書籍的支持，決定重印《尋蟲記》第一冊的增訂版，而我亦樂於在新版書中，多寫兩篇趣味文章：〈鼠賊、貓兵與蛇將〉和〈善用地心吸力的樹蛙〉，與讀者分享。與此同時，《尋蟲記 3》一書亦剛完成寫作，將於 2018 年 7 月書展出版。我希望這本《尋蟲記》第三冊新書以及增訂的《尋蟲記》第一冊，能一如既往地得到各位認同、喜愛和支持。

2008 年大孫兒 2 歲時，我悉心引導他對小生物產生興趣。圖左方爬上盒頂的正是從新界找來的活生生道具標本——小非洲蝸牛。

在寫這篇再版序時，忽然醒覺時光飛逝。以童言啟發我撰寫《尋蟲記》的大孫兒晉康當年只是 2 歲，現在已經 12 歲了。自小加入尋蟲之旅又發現罕見綠色蟑螂（"鋸爪蠊"）的小孫兒晉宏不知不覺間也已經 10 歲了。我於是興之所至和他們、《尋蟲記》第一冊、第二冊，以及"香港出版雙年獎"的獎狀一同拍個合照，回味和標記這十年有意義和難忘的經歷。

我跟大孫兒晉康（右）、小孫兒晉宏（左）與《尋蟲記》兩冊書及"香港出版雙年獎"獎狀拍照留念。

自序 | 童言的啟發

　　1997 年從漁農處退休後，我加入了香港大學嘉道理農業研究所的半職工作，基於自己本身的嗜好，所以善用空餘時間來觀察、研究及拍攝一些特別的生物。與友人相聚的機會多了，間中談及我以前工作的趣事，例如當年捉蛇的經歷，他們大都感到新奇及有趣，回憶起這些往事，悅己之餘更能娛樂他人，實為一樂。

　　大兒子於 2007 年回港定居，為我增添了含飴弄孫之喜。大孫兒小小年紀，對動物特別感興趣，喜歡發問，有時我也解答不了他的問題，索性到大學圖書館借書找答案，亦因此重燃了我對生物的興趣。由於孫兒時常問我有關生物的問題，他兩歲半時，給我起了一個別名，就是"動物人"。我直覺地暗笑：幸好不是"植物人"！

　　孩子的一句"動物人"，頓時給我一些啟發。回想我這一生，總是與生物結緣。12 歲時，遷往粉嶺安樂村居住，與大自然相伴。接著進大學唸生物，畢業後在崇基學院任職生物助教，後來在市政事務署當防治蟲鼠組副主任，再轉往漁農處任職昆蟲主任。在英國修讀碩士及在香港進行博士論文研究，並在香港漁農處（於 2000 年改稱"漁農自然護理署"）、嘉道理研究所的工作，以及多年收集貝殼的嗜好等，全都與生物有關。觀察到香港的社會變化、經濟轉型對自然環境有相當影響，但若大家細心留意，仍不難發現現今香港生態有趣的地方。希望藉着本書，能夠記錄這些特別的生物見聞及趣事，輔以一些儲存多年的相片，與眾分享，讓大家一同感受生物世界的奇妙。

《尋蟲記——大城市小生物的探索之旅》主要介紹城市中的昆蟲，亦記錄我過往與生物接觸的經歷，希望能啟發大家對自然生物產生興趣及好奇，在都市裏一同尋找小生物的蹤跡。書名的"蟲"字，除了包含不同種類的昆蟲之外，也泛指中文裏以"虫"字為部首的生物，例如"蛇"、"蛙"、"螺"等，故名《尋蟲記》。

在 2009 年 10~12 月間，曾在《明報》發表以〈生物寄趣〉為題的文章，在寫作上給我不少鼓勵，在此衷心致謝。

在城市生活中也可以與小生物接觸。

目 contents 錄

第一章　城市蟲不知

第二章　蟲這裏開始回憶

第一章

城市蟲不知

第一篇｜和孫兒一起的 生物之旅

在城市變化的影響下，都市人與自然界距離越來越遠。一次偶然機會，讓我親身體會兒童受生物啟發而對世界充滿好奇心的例子，實在令人鼓舞。

看着我的孫兒從一個膽小的典型都市孩子，在初接觸昆蟲後，漸漸發展對生物的興趣，對其他事物的求知慾亦逐漸增加，追求更全面的知識。讓我們一同發掘現今的生態趣味，在大城市中探索生物世界。

在城市發掘
生物興趣

　　我小時在鄉郊居住過一段時期，並在應用生物工作逾 40 年，與香港的生態環境一同成長，期間目睹不少因市區化發展而影響自然環境的情況。

　　印象最深刻的莫過於粉嶺安樂村及鄰近地區的變化。1950 年代初期的安樂村，故居旁邊的清溪流水，孕育了不少青草和小蝸牛（螢火蟲幼蟲的食糧），當時粉嶺聯和墟還是興建中，沒有受到光污染，一羣羣的螢火蟲常在夏秋的晚上，在門前草地上繪出難得一見"一閃一閃亮晶晶"的動畫。隨着香港經濟轉型，畜牧業於 1960 年代開始發展，農業廢料傾進水道，清溪變成污渠，導致溪裏和溪邊的動植物包括螢火蟲都不知所蹤，螢火蟲的大型美麗動畫不復再現，非常可惜。其後，安樂村被規劃為輕工業區，郊野和田園的不少果木

聯和墟現時有許多舊建築物都被丟空了。

都失去蹤影，我最懷念的白桂木、烏欖樹、人面子和番石榴的胭脂紅等等品種，只能在回憶中找尋。

香港從 1970~80 年代開始，衛星市鎮急速發展，新界不少郊野農田的環境因此而面目全非。粉嶺聯和墟市鎮擴建，導致周邊的西洋菜田和水畦消失，小生物如水蚤和棉花蟲等，再不復見。

在經濟轉型的環境下，新界的水稻田逐漸被菜田取代，而當年港人津津樂道的"元朗絲苗"亦成為絕響。發展影響所及，甚至連較偏遠的農田水畦也被填土改為露天貨倉或其他收益較高的用途，而曾在打鼓嶺水畦出現的"團藻"也因此而絕跡。令人感到可惜的是，曾在過去兩年於新界及內地一度

從前在新界的水畦菜田被改建為露天貨倉。

能被尋找到的活生生的"團藻"，已未能再次發現。這顯示出自然生態在面對城市發展的過程中，已日漸變得脆弱。

毫無疑問，城市化發展帶來舒適的生活，都市人的生活質素不斷提升。在室內使用空調時因為要關上門窗，把以往常在晚上因趨光而闖入屋的各類昆蟲"小訪客"摒諸門外；有了電視便可以閉門消閒娛樂，不其然地減少了外出時間，更不用説專程前往郊區。雖然居住環境得到改善，但是都市人不知不覺地與自然界距離越來越遠。

更有習慣潔淨的都市人，較易有"過分衛生"的傾向，每事物都要消毒一番。對於外表難看或看起來骯髒的事物，如郊野的泥土、海灘的淤泥、各類昆蟲和小動物等，一些人會潛意識地產生抗拒或恐懼感，這樣又談何對自然生態發展出興趣呢？如何能夠以身作則、啟發兒童對生物產生興趣呢？

要知道，鄉郊的泥土和沙灘的淤泥，以至昆蟲與小動物，其實與我們人類一樣，同是自然界的一分子，大家已共存活了一段很長遠的時期。在郊外活動時，接觸到小昆蟲和動物，無須大驚小怪，嚇怕孩子。何況在活動後，仍可洗手清潔，保持衛生。克服了以為"自然生物是骯髒"的誤解後，不難發現城市生機處處，香港豈止是一座石屎森林呢！

在貝澳海灘的晚上，小蟹會從泥濘中爬出來覓食。

興趣造就 "天才"

孩子的興趣由動物開始發展至植物。

香港人口多了，房子多了，大自然不再近在咫尺，難道香港小孩對自然的興趣就隨着城市化而從此泯滅？

其實，即使沒有刻意接近大自然，在日常生活環境中，也不難發現生物的存在。如每天不能缺少的果、菜、米、魚、肉等糧食，以及家居常見的蒼蠅、蚊子、螞蟻、壁虎等，這些生物都跟我們平日的生活息息相關。另一方面，每個小孩子在成長期間，除了平日與家人的接觸外，最常遇到的生物就是一些小昆蟲及動植物，其中又以寵物對人的反應較明顯，兼容易逗人歡樂。這些生物不論其大小，均與我們一樣，有生命、會變化和成長。

自然教育對人的成長很重要。城市化的生活雖然改變了身邊的世界及生活模式，我們還是可以積極一點、主動一點去培養孩子對生物的興趣，讓他們在成長的環境、心態及知識增長上有更全面的發展。

記得唸中學時，老師曾經說過一句英文諺語："Interest is genius"，翻譯的意思是"興趣就是天才"，初時覺得這語句有點誇張，後來自己在學習中嘗試付諸實行，才體會到這話實際上含意精警。以化學一科為例，我中學時修讀這科目時一直成績平平，後來在無意間閱讀了一本有關化學的小冊子，當中簡單地描述一種無色無味的硝酸銀液體，這種液體在空氣中待一會兒後，硝酸銀會變成黑色的氧化銀；若果暗暗地在女孩子的上唇塗上這液體，豈不是會出現"美人生鬚"的樣子？雖然我沒有真的實踐這小實驗，但學會了自己不斷地去尋找一些有趣的小知識，讓自己對化學產生興趣並主動學習，最後更提高了學習效率及考試成績，達至事半功倍的效果。

一個偶然機會，我從小孩子身上亦見到"興趣就是天才"的真諦。看見當孩子對生物開始產生興趣，他便不期然地希望多知道一點，進而多發問一點，自然地增加對生物的了解和知識。認識增多後，他的興趣更濃厚，求知慾亦增強，可見知識與興趣是相輔相承、互為因果的。透過對生物產生興趣，再培養對其他事物的興趣，從而培養更全面的求知慾。這教我深深領悟到，啟發對事物的興趣，可以令我們的生活更充實、健康和快樂。

我的小孩子開始做到了，你的當然也可以。

由好奇心出發

家中昆蟲玩具的擺設，
能幫助小孩子啟發興趣。

有一個親身體會兒童受生物啟發而對世界充滿好奇心的例子，這得從孫兒講起。

幾年前一歲多的孫兒聽了英語兒歌"噢！麥當奴有個農莊（*Old McDonald Had A Farm*）"，表現出對動物有點興趣，吃飯時要我在旁畫一些豬、牛、羊、雞等動物，也喜歡把玩小動物模型玩具。這時候，他只是一個走路還走不穩的小孩，他對動物的興趣也不見得超越對其他玩具的興趣。

有一次，我買了三隻小木鴨讓他來訪我家的時候可以玩，但是每一次他都只肯接受其中一隻小木鴨，而對於其餘兩隻卻很抗拒，令我大惑不解。終於有一次，我忍不住問他："為甚麼只選這一隻木鴨子呢？"他說："另外的兩隻鴨子樣子很兇惡，所以我不喜歡它們。"我覺得很奇怪，這些玩具不是都同一模樣嗎？仔細一看，才發現原來每隻小木鴨上所繪畫的眼睛大小和位置都有輕微的不同。孫兒留意事物雖然細心，性格斯文，但卻比較膽小，是個典型的都市孩子。

產生好奇心

春天，香港大學校園兩株鳳凰木鮮花盛放，於是我帶孫兒去看，豈料他對眼前紅彤彤的花朵一點也不感興趣。我無可奈何，只好帶他在校園轉一圈。

鳳凰木是香港常見植物。

轉到陸佑堂側的園庭內，我發覺有一棵榕樹受薊馬 (Thrips) 侵襲，出於習慣，便摘兩片葉子察看，隨手把其中一片給孫兒把玩，哪知道他接過葉片，也學我一樣，細心察看葉子上的薊馬，一點遲疑也沒有。漂亮艷麗的花朵吸引不了他，講究乾淨、甚麼都想消毒一番的城市人所害怕的昆蟲，他卻學我一本正經地看。從這個例子我明白到，植物和動物相比，孩子對會動的生物更容易感興趣，而我的無心插柳、毫無強迫的教學，反而成了一種身教，畢竟小孩子是很自然地想模仿大人，尤其是他親近信任的人。

這次薊馬一課，是一次真正接觸生物的突破，孫兒對生物的印象和興趣，已脫離了不能動的動物玩具模型。會動的生物，真是啟發孩子對外界產生興趣的最好"道具"。

侵襲榕樹的榕母管薊馬若蟲體色淺色，成蟲深色並有羽毛狀翅膀。

9

竹節蟲如其名，身體形狀有如竹枝。

孫兒兩歲半大的時候，和我到石崗的嘉道理研究所參觀，我在園內的樹枝上發現一條竹節蟲（Stick Insect）。我鼓勵他捉那條蟲，他不敢，但又想做，於是用兩隻小手推我的手去拿起牠。我把竹節蟲放在平坦寬闊的走廊地上給他看，他最初有點懼怕，但是生物的"動"又一次幫了我，他不久便蹲下來看竹節蟲，當牠爬向前，孩子也一步一步蹲行來觀察，研究所的同事看見小人看小蟲的趣怪情景，都笑得前仰後合。

數天後，我在新界田間捕獲一隻幼年非洲蝸牛（African Giant Snail），帶到孫兒家裏去讓他見識。為了給他看清楚，我把蝸牛放了出來活動，雖然他已經看過薊馬和竹節蟲，但是起初仍然對蝸牛顯得有點驚怕。這是自然的反應，而且不是甚麼壞事，人遇到新而不知情況的事物，保護自己是應有的表現。於是我安慰他，並講一些有關蝸牛的知識。蝸牛亂走時，我把牠捉起放回原處，我告訴孫兒蝸牛也會害怕，受騷擾時會躲進殼內。我想這種感同身受的解說，讓他知道蝸牛跟他一樣，正在害怕，是讓他放鬆而且明白生物也有感覺的方法。

結果，在短短 20 分鐘內，他由面色凝重地察看，進展到敢親自動手捉蝸牛。三天之後，他已經能夠自己打開盛載蝸

牛的小膠瓶，讓牠出來舒展散步了。自此之後，他對生物的
興趣更明顯增加。

發展出興趣

　　在這段期間的週末，孫兒會嚷着要求父母帶他到香港動
植物公園看動物，我有暇亦間中和他到公園遊覽。有一次，
跟他一起經過哺乳類動物的籠舍時，一些樣子比較兇猛的猿
猴發出叫聲，孫兒便感到很害怕，聽到聲音已經卻步不前，
可以看出他當時仍然未有膽量去接觸一些陌生的生物。我
於是順其自然地帶他去看一些比較靜態的動物，例如：紅鸛
（Flamingo）和丹頂鶴（Red-crowned Crane）等。

克服恐懼後，孩子能主動放蝸牛出來。

初見非洲蝸牛時，孩子神色凝重。

11

顯示興趣大增的第一步表現，便是喜歡發問。有時我也解答不了他的問題，索性到圖書館找答案，並多買一些與動物有關的書籍，以備"不時之需"。由於他喜歡看紅鸛，故亦很有興趣去多了解牠們的習性。例如他會問我："爺爺，究竟紅鸛吃甚麼呢？"由於我本身對這些鳥兒並沒有詳細的研究，為了避免誤導孩子，於是我先翻查書本，找到確實答案才告訴他，紅鸛的主要食物是甲殼類和軟體動物，而牠們的羽毛呈現一種獨特的淡紅色，便是主要來自蝦和藻類食物等所含的色素。

最令人印象深刻的突破，莫過於那次在泰國布吉度假時的發展。初到位於沙灘旁的酒店屋時，孫兒對野外活動仍然不很主動，後來他看見我在廚房捉"舂米公公"，又在沙灘上捉小蟹，便開始參與沙灘活動了。我想這也是身教重要的一個證明吧。

一天晚上我獨自拿手電筒巡視沙灘，捉到幾隻很大的寄居蟹，孫兒和其他年紀相若的孩子們都興致勃勃，圍着觀看。不久，地上有一條約 7 厘米長的"千足"（又稱馬陸）（Millipede）在他們面前走過，即時引起孩子們一陣哄動。幸好該千足是無毒的品種，體型圓而較小，每節長有兩對腳；不像牠的近親"百足"（又稱"蜈蚣"），體型大而較扁平，身體每節只有一

千足每節均長有兩對腳，
要仔細察看才能發現呢！

對腳，頭部有一雙毒牙。正當我在簡單介紹那"千足"時，孫兒突然用手把這醜陋的生物撿起來，令大家驚訝。

有了興趣，又見到大人行動而模仿及產生的推動力，比我們想像的要大很多。這幾天裏他對動物的興趣和膽色突飛猛進，令我嘖嘖稱奇。

兒童對環境的反應，其實受成人的影響很大。如果我們嫌大自然髒，並顯出厭惡、害怕的情緒，孩子就會有同樣的反應，習慣在所謂"乾淨"的城市生活的孩子，不慣於野外活動。就在捉了"千足"的第二天，孫兒在沙灘上自動赤着腳，走到有黑泥的水邊活動，絲毫沒有嫌黑色泥土"髒"的情緒，看見此情此景，他的父親也唯有奉陪，一同在黑泥上掏水草。

其後我們遊覽時，他看見肥大豐滿的水浮萍，就主動拿起一株來察看，看來非常嚮往和陶醉。我發覺他對生物的興趣已經不限於動物了，連不會動的植物都有了興趣。這次泰國之行，他在發展對生物的興趣和自信心方面，明顯地跨進了一大步。

兩父子一起在黑泥上掏水草，樂也融融。

和孫兒一起的生物之旅

爆發自學動力

在啟發孫兒對生物發生興趣的期間,我買了一些大小不一的膠瓶,用來捕捉小昆蟲給孫兒看,如誤闖進家中的飛蛾、甲蟲等,開始時,他帶一些回家只作大瓶吃小瓶的玩意。從泰國回港後不久,一直在旁細心觀察的孫兒,原來靜靜地學習我用膠瓶和一張紙捉

一旦啟發了興趣,孫兒學我用膠瓶及紙張捕捉小昆蟲。

昆蟲的伎倆,主動地在他家中施展捕蟲行動,令他父母也刮目相看。

在沙灘上,孩子們撿拾匿藏在泥沙下的海星。

某年夏天,一家人連同朋友帶同孩子們到馬鞍山的有機農場參觀,孫兒雀躍地帶領小朋友去海邊拾貝殼,跟着海星(Starfish)在沙裏埋藏的痕跡,徒手捕捉海星,十分投入。其後他亦依照農場導賞員的保育指引,自律地把捉到的海星放回沙灘去。

孫兒就讀的幼稚園早前以圖片介紹了蚯蚓(Earthworm)給同學們認識,他告訴我希望看見活生生的蚯蚓。於

是，我請農民朋友找來蚯蚓給他看，豈料他一見那長長的大蚯蚓，立即高興得用手拿起牠，還嘻嘻哈哈地四處走動。對於這種外形不討好的生物，一般大人都會避之則吉，這個當時四歲的小孩子居然毫無懼色。

上述的例子，由觀察榕樹上的薊馬開始，接着用手捉蝸牛而對生物不再懼怕，繼而大膽撿起"千足"，進展至後來自發地要求看活蚯蚓，可見出孫兒一步步地對生物產生好奇，在不斷發問的過程中發展興趣，以及後來更主動學習，均顯示出他在學習生物上的興趣與好奇心增強之餘，同時亦也提升了他處事的自信心和對四周環境的積極態度，誠孰可喜。

孩子膽子壯了，徒手捉香港土生的大蚯蚓。

親子關係的
橋樑

在啟發兒童對事物發展興趣時，很多時候孩子們會用他們與別不同的角度來思考及發問一些令大人出乎意料的問題。又因為孫兒對生物有興趣，我便本着實事求是的精神，把一些收藏多年、極少翻看的生物書籍從儲物室搬出來重見天日，又再添置了不少新書籍。在解答孫兒提問的過程中，竟讓我趁機會把以前的生物知識溫故知新，自己的興趣亦相對提升。在發展生物興趣與知識方面，孩子與大人產生了互動效應，促進親子關係，甚至在其他學科方面亦發生交流作用。

生物知識互相啟發

雖然我本身研究生物多年，但沒有刻意要求孫兒學習生物知識，反而是順其自然，投其所好，帶領他多接觸生物並啟發他對生物產生興趣。在引導孩子時，要注意的就是多鼓勵他發問，同時亦要給予合理及正確的答案。孩子對事物有興趣後，便會提出很多問題，有些甚至連大人也不懂回答，於是我們亦要用心研究及搜集資料，找出答案。例如，有一次，我們到嘉道理研究所遊玩，孫兒見到蝌蚪和小青蛙，大感好奇。

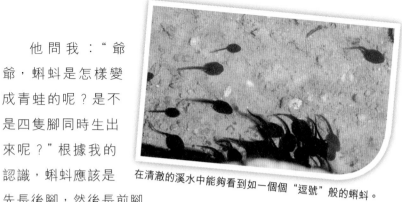

在清澈的溪水中能夠看到如一個個 "逗號" 般的蝌蚪。

他問我：" 爺爺，蝌蚪是怎樣變成青蛙的呢？是不是四隻腳同時生出來呢？" 根據我的認識，蝌蚪應該是先長後腳，然後長前腳的。但是為了慎重及求真，我其後也翻查了相關書籍，確定回答孫兒的資料正確，才感到放心。

又有一次，孫兒問我：" 青蛙是如何吃昆蟲呢？"

" 青蛙把牠的長舌一伸，便可以捕捉昆蟲了。"

" 用舌頭又怎能把昆蟲擒拿回來呢？"

" 青蛙的舌頭上有黏液，把昆蟲黏起來再縮回口裏呢！"

" 既然青蛙的舌頭有黏液，那麼青蛙把舌頭縮回的時候，舌頭豈不是也被黏着，動彈不得？"

孫兒的問題是我從未想過的，於是我便在書本裏尋找答案，發覺原來青蛙只會在有需要的時刻，才分泌黏液出來。在這種互動的問答過程中，小孩與大人的知識和興趣，都有增長。

又一天，孫兒在家裏徒手捕獲一隻壁虎（Four-clawed

和孫兒一起的生物之旅

Gecko），興奮地來電告訴我。

我問他：“壁虎有沒有脫掉尾巴呢？”

“爺爺，你的問題真奇怪。為甚麼壁虎會脫掉尾巴呢？”

“壁虎有天生的逃生潛能，如果牠被敵人抓着尾巴時，便會脫掉尾巴方便逃生，過了一會兒牠會重新生長一條新尾巴。”

兩天之後，孫兒再次來電給我，說：“爺爺，壁虎真的脫掉尾巴了！”

我問：“為甚麼壁虎會無緣無故脫掉尾巴呢？”

他告訴我：“上次聽了你的解說，我很想試驗一下壁虎是否真的能脫落尾巴啊。於是我便拿起壁虎的尾部，牠掙扎了一會，終於放棄尾巴，脫落尾巴後便跌回飼養籠裏了。”

可憐的壁虎成為了一個在生活中發掘生趣、追求學問及知識求證的互動例子。雖然壁虎並沒有因脫掉尾巴而死去，但事後我也教導孫兒，生物的生命也是很寶貴的，我們

家居常見的壁虎是截趾虎，只有四爪，趾端有闊大的吸盤，有利於在牆壁上走動。

觀察研究和認識牠們的同時，也要尊重不同的生命。

隨着年紀漸長，他的興趣及膽量日增，他也樂得在平日的生活中不斷尋找生物的趣味。有一次的"傑作"便是用膠瓶在窗前捕捉黃蜂，還主動地送那黃腳虎頭蜂（Vespa Velutina）給爺爺養活和鑑定品種呢！

孩子發問的範圍除了身邊的生物外，也伸延至一些大自然現象。有一清早，孫兒起牀後喚醒他的父親，煞有介事地問："究竟彩虹是濕的還是乾的呢？"他爸爸還未夢醒，孫兒便重複再問。他爸爸這才醒過來，思索了一會兒，便解釋道："彩虹是捉摸不到的，不過它是由很多小水點折光而形成的。因為小水點的存在，所以也可以說是'濕'的。"孩子們以充滿童真的心態去想像事物，提出的問題千奇百怪，亦會刺激大人去思想及查考。

黃腳虎頭蜂各腳前半段是黃色，是捕捉其他昆蟲的高手。

由問生物到問詩文

孫兒對生物產生興趣後，對學習其他事物的興趣和信心也同時增強。甚至由學習生物延伸至其他學科，實在教人驚喜。

和孫兒一起的生物之旅

春天百花怒放，連小孩子
都被春意所感染。

春天的一個早上，兒子來電告
訴我一件有趣的事。當日清晨，孫
兒早已起牀，吵醒爸爸要他陪伴，
於是兩人便在客廳的沙發上躺下休
息。誰知道，孫兒聽到窗外的鳥聲，
便跳下沙發，走到落地玻璃窗前，往外
看了一會。

他接着問爸爸："春天是不是到了？"

他爸爸回答說："是的。"

孫兒突然高呼數聲："對了！對了！"

他爸爸正想問他甚麼對了，他已經站立着，朗誦孟浩然
的《春曉》："春眠不覺曉，處處聞啼鳥；夜來風雨聲，花落知
多少。"

原來孫兒聽到鳥兒叫聲，於是往窗外看看有沒有花落。
確定了之後，便朗誦起從幼稚園學到的唐詩。讀文學的人說，
唐詩裏本來就常常寫大自然，詩裏充滿了詩人對大自然的感
興。孩子讀完《春曉》一詩，再親睹春曉的真實情況，隨着詩
人的指引留意自然世界，體會到詩中意境，不覺便朗誦起來。

這種由生物興趣伸延到文學的聯想和互動，相當有趣，
顯示了興趣可以由一個科目延展到另一個範疇。

由個人互動到友儕互動

孫兒在課堂上經常積極地參與有關生物的答問，又常向老師及同學提起他的爺爺，所以他的老師們對我也有一些印象，令我有機會參與他們以下這次由生物興趣帶出友儕互動的過程。

在孫兒就讀的幼稚園，課室外有不少樹木。四月初的時候，老師和同學們都為了一個奇怪的現象而摸不着頭腦，於是叫孫兒轉問我，為何雀鳥會撲向玻璃窗？我當時告訴孫兒，可能是因為玻璃在天晴時反射陽光，讓鳥兒誤會以為玻璃是天空所致。但是原來撲向玻璃窗的鳥兒不止一隻，而且牠們重複地飛向窗子，所以孫兒的老師認為不是因為玻璃的反光。這個現象亦令我感到惑然不解，故此在月中的時候，我專程前往幼稚園接孫兒放學，順道視察環境，並與老師交談以了解情況。

白頭鵯屬中小型留鳥品種，頭上有白羽毛，故名之。

據老師們所說，有兩隻小鳥重複地撲向兩間課室的玻璃窗，卻避開沒有碰撞到課室中間有兩間以玻璃磚砌成的窗。被撲向的玻璃窗口上角發現有啄花的痕跡，相信是鳥兒造成。由於已經排除是玻璃反光的作用，所以我唯有從雀鳥的習性方面出發。在交談期間，有老師發現其中一隻鳥兒停留在一扇半開的玻璃窗的金屬支架上，我靠近一看，正想拿相機拍攝，豈料牠立刻飛走。

　　幸好我能記得鳥兒的外貌特徵，回家翻查書籍，認出那是一隻白頭鵯（俗稱"白頭翁"）（Chinese Bulbul）。這品種是香港常見的留鳥，繁殖期是每年的 4~8 月，與學校撲向窗子的鳥兒出現時間吻合。由於白頭鵯的習性是不會每年翻修舊巢再用，故此推測這兩隻鳥兒是雌雄各一的白頭鵯，正尋覓理想地方來建築新巢，才發生以上強闖課室的有趣現象。因為這次事件，孫兒、爺爺、老師和同學們都不知不覺地一起參與一課生物互動教育，不但增進了對生物的興趣和認識，而且亦得知只要多加留意平日的經歷，隨時都可以發現自然科學教材。

麻雀是香港最常見的鳥類。

尋找"活教材"

　　產生興趣以後，我們遇上的問題，就是在日常生活中，如何發掘生物趣味。最好的方法，就是運用生活環境裏遇上的小生物，作為"道具"或"活教材"。

香港擁有許多優美的自然資源，攝於城門水塘。

　　在尋找"活教材"和啟發兒童生趣的過程中，首先要準備好自己，例如多吸收一些對生物的基本知識，然後是要了解自己心目中的"活教材"會在哪兒或何時出現。

　　要增加生物知識，可以先培養對生物的興趣，多閱讀與生物有關的書籍，以及平日多留意在家居附近可能出現的小昆蟲、動物，也可以從報章、電視及互聯網上獲得有關生物的資料及片段。這些年來，香港人對環境保護和自然保育的意識不斷增強，透過環保團體和有關政府部門的努力，出版了不少有參考價值的書籍，介紹本地的動植物，又引進一些新的保護措施和訂定新保護區（海岸公園、濕地公園等），有助保護整體的自然環境。

那麼，在香港這"石屎森林"中，我們怎樣尋找適合的"活教材"呢？其實"活教材"幾乎無處不在，只要用心留意和稍動腦筋，便可發現牠們就近在咫尺。

蜘蛛在香港許多地方都可看見。

其實在我們的家居中可以找到各類昆蟲，包括飛蛾、甲蟲、浮塵子（Leafhoppers）、蜂類、蟑螂、蚊蠅和壁虎等。在住所附近的休憩園地、戶外的空地、小山坡和孩子的校園，都可見不少昆蟲"活教材"，例如蝴蝶、蜻蜓、飛蛾、蠟蟬（Planthoppers）、瓢蟲、竹節蟲、薊馬、蜻象、草蜢、螳螂、千足、蝸牛、蛞蝓（俗稱"鼻涕蟲"，Slugs）、蜘蛛、蛙類、爬行動物（石龍子和蜥蜴）和雀鳥等。近郊的海灘是尋覓小蟹、海星、海參和各種貝類的好去處，以大潮退的時間為最佳（每逢農曆初一、十五前後兩天）。稍遠的郊野公園則是多元化的動植物棲身之所。

尋找這些"活教材"前，要先了解牠們出現的季節和活動時間，遇上牠們的成功率會較高。大部分動物在氣候溫暖時期活躍，包括壁虎、雀鳥、蛙類、軟體動物和各種昆蟲。有些喜在陰暗和潮濕的環境下出現，如蝸牛、蛞蝓、蚯蚓等，尤其在下雨後的早上找尋牠們最好。全年常見的"活教材"

黑眶蟾蜍

是在榕樹上的"薊馬"，但卻不大引人注意。

青竹蛇身體翠綠，躲在草叢中或樹間難以被察覺。

此外，亦可運用視覺和聽覺來尋找昆蟲。在視覺上，可先聚焦於有花朵盛開的植物，因為不少昆蟲種類都以花蜜維生；葉片有孔洞或昆蟲糞便時，表示曾有或現仍有蟲類在那裏覓食。在聽覺方面，可留意鳥聲（如白頭翁、高髻冠等）、蟲鳴（如蟬、蟋蟀等）、蛙叫（如黑眶蟾蜍、花狹口蛙等），不少種類都有牠們特別的叫聲，可輔助我們尋找。

觀察及接觸生物時，我們需注意一些事項：第一、要具備辨認常見品種的學識，特別是有毒品種，如"百足"及毒蛇等動物，應避免接觸牠們；第二、留意在樹枝上或草叢中有否隱蔽的黃蜂巢或匍匐在枝葉的青竹蛇，避免行近；第三、遇有長毛或有警告顏色的昆蟲，或自己全不認識的動物，不要用手接觸牠們；第四、往戶外找尋"活教材"時，最好穿上長褲及不露腳部的鞋具，以策安全。

廣翅蠟蟬若蟲身體呈白色，作開屏狀，常見於果樹或觀賞樹的枝葉上。

和孫兒一起的生物之旅

"摹仿專家" 螽斯藏在聖誕花的葉子上。

蛞蝓體型圓而長，表面有黏液，多在夏季晚上及潮濕地方活動。

都市人談蛇色變，其實蛇類遇見如龐然大物般的人類，通常會掉頭而走，其中例外的是青竹蛇，牠們可能自恃有保護色，常會好整以暇地伏在樹枝上，當人們沒有察覺而行近時，不覺間已觸怒牠們，青竹蛇便會作出攻擊。香港被蛇咬的個案多數與此品種有關，不過受傷的情況並不嚴重（見頁 185）。

至於移動快速的動物，如蜻蜓、蝴蝶、飛鳥等，遇上牠們的機會瞬間即逝，並不適合用於啟發幼齡孩子的興趣，反而較靜態的生物品種，如蝸牛和薊馬等，對於小孩子才是較理想的"活教材"。

確認為安全的"活教材"，可用身教的形式解說，拍攝昆蟲的形態，也可讓已有興趣的孩子動手捉摸，有助他們建立對生物的興趣。此外，不妨隨身帶備一些小膠瓶，用以捕捉小昆蟲或小動物，以便孩子近距離觀察。除了幫助講解知識外，也能加深認識，從而提升對生物的興趣。

在觀察生物期間，切勿襲擊或傷害牠們。生物與我們一樣在自然環境下生活，大家在自然生態中扮演一定的角色，因此我們也需要好好愛護自然界的"鄰居"。在觀察後，釋放生物回歸大自然不失為一個好習慣。

總括來說，在"石屎森林"的都市日常生活中，要發掘生物趣味，並不如想像中困難，只要肯尋找，一定找到！

第二篇 | 點蟲蟲、蟲蟲飛

耳熟能詳的童謠"點蟲蟲、蟲蟲飛"，說的就是看到昆蟲，正想數數目的時候，蟲蟲卻飛走了，跟着蟲蟲飛行的路線行走，帶來新發現。在城市探索昆蟲蹤影，如同踏上一個奇異生物旅程，認識大自然的奧秘。

透過了解昆蟲的生活形態及特性，不難發現大部分昆蟲都屬短壽，亦逃不過適者生存的定律，牠們因各有所長才能繼續繁衍，或許也可以對我們生活帶來一些啟示。

寄蜉蝣
於天地

被燈光深深吸引的蜉蝣羣。

　　中學時學習詩詞，其中一些佳句在多年後仍然朗朗上口。想起在蘇東坡被貶黃州（今湖北黃岡）後，與友人泛舟遊赤壁時所寫《前赤壁賦》中的一節："寄蜉蝣於天地，渺蒼海之一粟，哀吾生之須臾，羨長江之無窮"。賦詞充分表達了他被貶後的複雜心情及豁達樂觀的精神。

　　有一年夏天，在湖南省北部一個鄉鎮的晚上，遇見真正的蜉蝣。當時所在地鄰近湖北省黃州，與這昆蟲出沒的地理環境吻合，印證了蘇東坡當年有關蜉蝣的文思。

　　蜉蝣是最古老及原始的有翅昆蟲。相比其他同是不完全變態類別的昆蟲中（即幼蟲毋須經過成蛹的階段便生長為成蟲），牠們是唯一要經過"亞成蟲"階段才變為成蟲的，即是在蜉蝣從卵孵化為若蟲後，長出了有功能的翅膀，牠們仍然要再蛻皮一次才變為成蟲，這就是"亞成蟲"的階段。蜉蝣成蟲有兩對透明的翅膀，前翅呈三角形，比後翅大。當蜉蝣休

在潔淨的溪澗中，春夏間
較容易找到蜉蝣。

息時，牠的翅膀垂直地豎立於背
上，有別於常見的其他把翅膀平
放於背面的昆蟲，例如甲蟲等
等。

蜉蝣多數喜愛在夜間活動及在
河溪及水塘附近出現，有趨光性，常
於黎明及黃昏時段大羣出現，有時亦
會上下飛舞，如同作韻律操一樣。交
配後，雌蟲在水中產卵。若蟲從卵孵化出來後，棲息於水溪
的石塊附近，食糧以水中的植物（如細小的藻類）為主，生長
期一至三年，完全成長後蛻變成為亞成蟲，亞成蟲在一小時
至數天後便會蛻變成為可生育的成蟲。

對習慣都市生活的人來說，蜉蝣較為罕見。其實，全球
已知的蜉蝣品種不少，約有 2,500 種；在香港，已發現的蜉

名　　稱：蜉蝣（讀音“浮由”）
英文名稱：Mayflies
所屬科目：蜉蝣目 Ephemeroptera
特　　徵：成蟲體軟、腳長，腹部尾
　　　　　端長有兩至三條特長的尾鬚。

蜉品種約有 50 多種；蜉蝣在春末及夏季期間，更不時大量出現在英國、美國、加拿大等地一些水質潔淨的河溪及湖泊區。生存在水中的若蟲難免被河溪生物（例如鱒魚）視為美點，成蟲則是垂釣者天然的魚餌。有一些人工魚餌以蜉蝣及其若蟲作為模型，廣為釣魚人士採用。

蜉蝣成蟲的生命短暫，大概只有一至三天的生命。牠們的口部退化，不能進食，生存只為傳宗接代，故此常常被人形容為"朝生暮死"。蘇東坡以"寄蜉蝣於天地"來表達自己的生命如同蜉蝣一樣，只是短暫寄存在天地之間，與其鬱鬱不歡、意志消沉，為何不達觀地過活呢？

在人生中難免遇上逆境的時候，以一句"寄蜉蝣於天地"自我勉勵，以豁達樂觀的態度來渡過難關。

人工魚餌以黑、棕及綠色的蜉蝣若蟲為模型。

舂米公公

兒時曾住在灣仔區的戰前舊樓，那裏常常有形狀類似蒼蠅的黑色小昆蟲出現在家居，牠們的身體後部常常上下擺動，十分有趣。

春米公公外表和蒼蠅頗相似。

大人都稱牠們為"舂米公公"。當時我再問長輩們"舂米公公"的資料，卻不得要領。記得年紀尚小的我那時更捉拿了一隻"舂米公公"，放入一個透明膠袋內，再加放數粒白米，看看牠如何舂米或吃米，但就當時觀察所見，牠對米粒完全沒有興趣，令人大失所望。

長大後學習生物，才認識"舂米公公"的真面目。原來牠們是蜂類的一種，由於牠們的腹部形狀扁平似旗狀，小棒形的腰部與胸部相連，因此又稱為旗腹姬蜂。當小蜂行走時，牠的旗腹能靈活地上下搖擺，就像古時中國人舂米的動作，所以俗稱"舂米公公"。

除了舊區，一些近郊的村屋也仍常有昆蟲來訪。

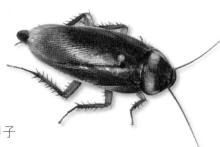

　　"舂米公公"的體
型細小，體長約 10
毫米，通常在家居廚
房出現，其幼蟲會寄生
於蟑螂（又稱蜚蠊）的卵子
身上，姬蜂雌蟲會用產卵管
把卵粒放入蟑螂的卵囊內。換
言之，牠們是防治蟑螂的益蟲。

美洲大蠊的腹後携着一枚卵囊，
遇到適合的地方便會將卵產下，
舂米公公就是寄生在這些囊中。

　　由於廚房是"舂米公公"的蜚蠊寄主通常出沒的地方，透
過了解"舂米公公"的生活史，便可以明白為甚麼牠們通常在
廚房附近出現。此外，隨着香港急促的市區化發展及環境衛
生得以改善，"舂米公公"的蜚蠊寄主難有容身之所，導致我
們在現今香港，越來越少見到"舂米公公"，年青一代甚至不
知道牠們為何物。

名　　稱：蜚蠊（讀音"匪色"）
英文名稱：Ensign Wasps
學　　名：Evania appendigaster
所屬科目：蜂科
特　　徵：頭部有長觸角，腹部形狀扁
　　　　　平似旗狀。

小蜂提起旗狀腹部，
神氣地摩擦後腿。

點蟲蟲、蟲蟲飛

滿天都是
小星星

細斑蝸牛是香港螢火蟲的
主食之一（見頁 148）。

有一首兒歌講述"一閃一閃亮晶晶，滿天都是小星星"的童真意象，在奇妙的生物世界裏，"滿天都是小星星"的畫面，原來真的可以出現！

曾在紐西蘭北島的懷托麼洞（Waitomo Cave）觀看螢火蟲。那次奇景實在教人畢生難忘。導遊帶領我們進入漆黑的地下水洞後，大家登上一隻船身很窄的小艇。同行的遊客都要屏息靜氣，因為螢火蟲一受到干擾，便不發光，因此艇家亦只是用手拉着洞壁上的粗繩靜靜地拉前小艇。螢火蟲羣聚居於洞頂及牆壁的上方，驟眼向上望就仿如在一個清空無雲的晚上，羣星密佈，星星密度驚人，煞是好看。

後來我有機會前往北島一個摹仿螢火蟲生長環境的地方參觀，當時的紐西蘭螢火蟲幼蟲在洞頂吐絲結巢，只見在巢邊吊滿多條帶有黏性的絲線，用來捕捉小獵物。絲上帶有很多黏性的小珠點，被絲線黏着的獵物會掙扎，發出震盪，於是幼蟲便會像漁夫釣魚一般，吸回該"魚絲"以便捕食被附着的獵物。

世界各地的螢火蟲主要屬鞘翅目甲蟲類，而紐西蘭螢火蟲則屬雙翅目，與蚊、蠅同類。紐西蘭螢火蟲的主食為蚊蚋、蛾、蚜蟲、螞蟻、蜘蛛及千足等。幼蟲表皮透明，體內發出藍綠色熒光來吸引獵物，當幼蟲越飢餓時，牠發出的光會越強烈。

螢火蟲幼蟲生長期為 6~12 個月，蛹期約為 12 天。成蟲比蚊子稍大，能間斷地發光，當中又以雌性螢火蟲的發光能力較強，以吸引雄性。兩性成蟲均沒有口器，不能進食，所以壽命很短，雄性螢火蟲大約能活 3~4 天，雌性成蟲只能活 1~2 天。如同蜉蝣一樣，螢火蟲生存只為傳宗接代。

名　　　稱：紐西蘭螢火蟲
英文名稱：New Zealand Glow-worm
學　　　名：Arachnocampa luminosa
所屬科目：雙翅目
特　　　徵：幼蟲身體褐色，體長可達 3
　　　　　　厘米，體內可發光。

為甚麼"滿天都是小星星"的境象只能在紐西蘭螢火蟲中發生呢?相信與這種昆蟲特別的生活習性有關。這類螢火蟲喜愛居住在潮濕、近水、黑暗及無風的地方。潮濕及近水的環境有利供應食物(獵物),在糧食上得到充足的保障;在黑暗中更能突顯牠們體內的螢光,能有效地吸引獵物;選擇在山洞或是樹木茂盛、枝葉蔽天的森林聚居,配合牠們的螢光來營造仿似晚上的天空、滿佈小星星的幻覺,愚惑獵物進入圈套"魚絲陣";而無風環境則避免絲線互相纏結,以防捕獵工具失效。此外,由於成蟲的飛行能力薄弱,所以螢火蟲多選擇留在原洞裏繁殖,大量幼蟲同聚一起,加添了"星星"的密度,演活了"滿天都是小星星"的奇境。

紐西蘭螢火蟲幼蟲在山洞頂結成"魚絲陣"。

避債蛾
的計謀

在生物世界中，不少品種採取了各式各樣的擬態或偽裝以求自保。當中有一類昆蟲名叫"避債蛾"，蛾幼蟲吐出絲囊，把自己包緊，以腹部的腳來抓住絲囊，只留下一個窄窄的出口，並在囊外黏上枯枝、碎葉片及小雜物來避開捕獵者的注意。就好像躲避債主追債的人一樣，藏起來不引人注意，"避債蛾"這個名稱把這種昆蟲的習性活靈活現地展現出來。不同品種的避債蛾所結的絲囊形狀各異，有的絲囊像長卵形、圓柱形或長刺針形。

由於生長在寄主植物上，對於避債蛾的幼蟲來說，覓食並不困難，牠們會用胸前的腳來移動及幫助覓食。

名　　稱：避債蛾
英文名稱：Bagworm
所屬科目：袋蛾科 Psychidae
特　　徵：幼蟲會結絲囊，並在囊外黏上雜物。

幼蟲及蛹期都在囊中渡過，雄性成蟲的身體修長，是快速的飛行者，而雌性成蟲則較為退化，留在囊內等待雄蟲與牠交配。雌蟲產卵後就會死在囊內，而幼蟲則爬出囊外，另再結絲囊及覓食。

有一年的春夏季間，我在香港大學嘉道理農業研究所收到一些在蓮霧樹生長的避債蛾活標本作簡單的觀察及研究，發現牠們相當容易飼養和成長速度很快，年長的幼蟲口部器官已經很強壯，常能咬破紗布網而逃離飼養缸。

飼養蓮霧樹避債蛾的幼蟲約三個月後，已經有數隻避債蛾成功蛻變為雄性成蟲，破絲囊而出。但是，另有一隻避債蛾原來早已被其他小蟲寄生，有數隻寄生蠅咬破牠堅韌的絲囊鑽出來。避債蛾雖然千方百計地想逃避捕獵者的追殺，但是也逃不過無處不在的寄生蠅"魔掌"，亦是個有趣的現象。

香港的避債蛾可以在不同樹木上發現，包括茶樹、柑桔樹、龍眼樹、番石榴樹、馬尾松樹、樟樹、榕樹及台灣相思等等。較常見的品種有大簑蛾（Big Bagworm）及茶簑蛾（Wax Tree Bagworm）。

蓮霧樹上雄性避債蛾的成蟲。

寄生蠅住在絲囊中，牠們會在囊上咬出小孔而鑽出來。

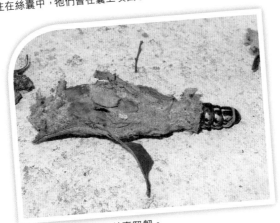

幼蟲口部器官強壯，絲囊堅韌。

幼蟲匿藏在用葉片蓋着的囊內。

"水仙子"的真面目

以前總誤會水仙子是一種美麗的花朵。

在中醫藥材裏，有一種名叫"水仙子"的材料。有一次聽到有人投訴他買到的"水仙子"形狀奇怪，與他想像的品質不同，有貨不對辦之嫌。透過顯微鏡和利用專業鑑定索引，我找到一個出乎意料之外的答案。原來名字美麗的"水仙子"，並不是我們想像中如神仙般的花朵或植物，而是大頭金蠅的幼蟲！得悉這些幼蟲通常在簡陋的鄉村糞池中生長後，令人對"水仙子"的感覺頓然轉變。

我其實曾在鄉間見過這類幼蟲，有助辨認"水仙子"的真面目。能夠快速驗明大頭金蠅幼蟲的身份，主要線索是蠅類幼蟲身體後端有兩個氣孔，可憑藉氣孔的獨特圖案，來鑑定品種。即使在處理後成為半透明黃褐色中藥，在"水仙子"上仍隱約可見蠅類幼蟲的輪廓。

後來，請教一位中醫朋友，得知"水仙子"又稱"羅仙子"，功效消滯去積。早期的"水仙子"經過油炸程序而成，所以顏色半透明而帶淺黃白色，之後的處理手法不同，顏色變為黃褐色，並改稱為"羅仙子"。香港的衛生情況改善及醫藥進步，採用"水仙子"用藥的醫師越來越少，所以現今市面已不易找到。

名　　　稱：大頭金蠅（其幼蟲為中藥的"水仙子"）
英文名稱：Blow Fly / Oriental Latrine Fly
學　　　名：Chrysomya megacephala
所屬科目：雙翅目
特　　　徵：幼蟲身體後端有兩個氣孔。

色澤亮麗的大頭金蠅成蟲

41

摹仿樹葉的蠡斯

　　在昆蟲自我保護的偽裝術上，蠡斯可算是其中專家。蠡斯又稱"紡織娘"，與牠們特有的求偶叫聲有關。蠡斯與蟋蟀及蚱蜢是近親，同屬直翅目，但是蠡斯的特徵是觸角特別幼長（因此又被稱為"長角蚱蜢"），雌性成蟲則有肥厚而向上彎曲的產卵器。大多數的蠡斯品種是植食性的，通常在晚上才活動。牠們生長於樹木及草叢間，能與周圍環境配合而不易被發覺。正因為這原因和及缺乏白天活動的特性，即使牠們

圖中美麗的葉片，其實是一種罕見蠡斯品種的前翅，此圖就是整隻蠡斯的全貌。

在數目、品種及遍佈性很豐富，我們對這類昆蟲所知的也不多。

　　不少螽斯品種都善於摹仿樹葉，偽裝成綠葉或枯葉的品種均有，香港較常見的一種就是雙葉擬緣螽（Angular-winged Katydid）。

　　螽斯在熱帶森林的食物鏈上佔有一個相當地位，牠們為不少野生動物，例如：猴子、蝙蝠、雀鳥、兩棲動物等，提供了主要的動物蛋白質，成為動物及其他昆蟲的營養補給者。

名　　稱：雙葉擬緣螽（"螽"讀音"冬"，俗稱"紡織娘"）
英文名稱：Katydid / Long-horn Grasshopper
學　　名：Pseudopsyria bilobata
所屬科目：直翅目
特　　徵：觸角特別幼長，前翅善於摹仿樹葉。

演技出眾的 尺蠖蟲

缺口姬尺蛾成蟲
的翅膀上有斑點
及棕色橫線。

有一次在一棵很高的台灣相思樹下走過，看見一條小蟲游絲而下，在風中打鞦韆，樣子很像一條小飛龍。原來這就是缺口姬尺蛾的幼蟲，此類幼蟲屬於尺蛾科的一種。

缺口姬尺蛾的幼蟲身體呈綠色或棕色，棕色幼蟲在身體兩旁有較深色的斑紋，幼蟲背側有一對下垂物，看去酷似寄主植物的小葉子，用來誤導捕食者的注意，避免受攻擊。亦因為這些特徵，令這些幼蟲能做出像運動員準備跳水時的美妙姿態。這類尺蠖蟲主食是各種相思及玫瑰的花朵及嫩葉。

缺口姬尺蛾的成蟲身體也是呈綠色或棕色，展翅時身長約 25 毫米。尺蛾的翅膀上有兩個黑色斑點及一條棕色橫線，組成的圖案彷如一副笑臉，牠們的扮相可真多！

其實尺蠖蟲是尺蛾科的幼蟲，名字取自牠們在移動時會用 Omega Ω 字形的步伐向前方行，像是細心量度長短的樣子，因此英文名子叫做 "Measuring Worm"。

移動時呈 OmegaΩ 字形是尺蠖蟲的特徵。

名　　稱：尺蠖蟲（缺口姬尺蛾幼蟲）

英文名稱：Measuring Worm

學　　名：Traminda aventiaria

所屬科目：尺蛾科

特　　徵：幼蟲體色呈綠色或棕色，背側有一對下垂物。

外形趣怪的 "火車蟲"

　　在農村生活的孩子，相信對於"火車蟲"不會感陌生。雖然這種天蛾蟲並不常見，但是外形令人難忘。"火車蟲"其實就是天蛾科內赭斜紋天蛾的幼蟲。由於幼蟲身體前面有一對明亮的大眼斑紋，驟眼看去像是火車頭的大燈，後面的幾個橢圓形的淺綠色標誌活像是舊式火車卡的門窗，因而得到這生動有趣的稱號。

名　　稱：赭斜紋天蛾
英文名稱：Hawk Moth
學　　名：Theretra pallicosta
所屬科目：天蛾科
特　　徵：褐色、身軀粗壯、前翅窄長；靜態時呈三角形；吻管長。

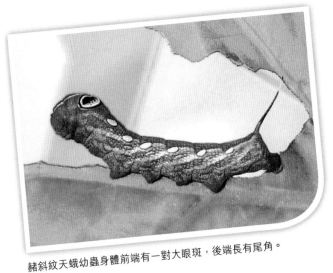

赭斜紋天蛾幼蟲身體前端有一對大眼斑,後端長有尾角。

赭斜紋天蛾的幼蟲身體後部長有一尾角,主要植物寄主是海芋(俗稱"野芋"或"痕芋頭")。這科是鱗翅目的一大科,全世界約有 1,000 多種。除了赭斜紋天蛾外,香港較常見的品種包括:女巫人面天蛾(學名:*Ascherontia atropos*)與綠背斜紋大蛾(學名:*Theretra nessus*)等。天蛾的體型粗壯,前翅窄長,有流線型身段,多數夜出活動。由於天蛾飛行快速而持久力強,因此能夠停留在空中,加上牠們的吻管發達而且很長,可以用以吸食花蜜,有時被誤為蜂鳥。

天蛾的幼蟲尾部都長有尾角,故英文稱之為"Hornworm",不同品種的尾角長短不一,粗幼或曲直都可以不同。

水晶包背後的玄機

荔枝蝽象的卵子像水晶包嗎？

在樹葉上發現一串串晶瑩的水晶包，原來是荔枝蝽象的卵子，每次被發現時多數以 14 個為一組。卵子孵化出來的若蟲色彩豐富，初生時是血紅色，稍長的若蟲因時常蓋上白臘，所以體色較灰暗，成長的若蟲的顏色則鮮紅艷麗，有警告捕獵者的效果。

剛孵化的若蟲，
全身鮮紅，
正從卵殼爬出來。

幼齡若蟲體色較灰暗，身旁可見到空卵殼。

荔枝蝽象屬半翅目內的盾蝽科，體長約 28 毫米，是荔枝和龍眼樹的主要害蟲。成蟲的腹部背上有翅膀，其前半部厚硬，後半截呈薄膜形，前端與後端明顯有別，是半翅目昆蟲的特徵。成蟲及若蟲均有刺吸式口器，利於吸食嫩葉及果實的汁液，可令嫩芽凋萎及引致嚴重落果。

名　　稱：荔枝蝽象
英文名稱：Litchi Stink Bug
學　　名：Tessarotoma papillosa
所屬科目：盾蝽科
特　　徵：成蟲及若蟲均有刺吸式口器。

老虎頭上釘蝨姆

　　自然界的生物，有時亦與我們有共通之處，就是被外形討好的事物所吸引。平腹小蜂就對晶瑩碧綠像是水晶包一般的蟲卵似乎特別有興趣。這種帶有白點花紋的小昆蟲是自然界的一種寄生蜂，以荔枝蝽象的卵為寄主，荔枝蝽象卵子被平腹小蜂產卵後，因寄生蜂幼蟲在蝽象卵內成長而變為黑色。小蜂幼蟲吸食蝽象卵內的營養後，成長後化為平腹小蜂，牠們是荔枝蝽象的天敵，是人類的益蟲。

　　一些農業昆蟲學家利用柞蠶的蟲卵來繁殖平腹小蜂，這蟲卵酷似荔枝蝽象的卵子，可以當作平腹小蜂的代母寄主卵，所以能夠在實驗室內大量繁殖平腹小蜂。

這些包藏了小蜂的蟲卵黏在咭紙上，方便運送前往果園，掛在樹枝間。這樣平腹小蜂便會分批孵化出來，自動飛行找尋蝽象的卵來寄生，從而破壞蝽象的繁殖及防止其為害。

被寄生的荔枝蝽象卵子會變成黑色。

當荔枝蝽象在果園的數目眾多時，有迫不及待的產卵情況，導致蝽象的卵誤產放在藏有平腹小蜂的寄主卵上面，簡直像是在"老虎頭上釘蝨乸"般，身在險境而不自知，實在是一個有趣景象。

綠色的荔枝蝽象卵子，被誤產在藏有小蜂的寄主卵上。

名　　稱：平腹小蜂
英文名稱：Parasitic Wasp
學　　名：Anastacus colemani
所屬科目：寄生蜂科
特　　徵：身腹帶有白點花紋。

黃蜂尾後針

與黃蜂不同，蜜蜂在針螫
之後尾針會脫離身體。

　　"青竹蛇兒口，黃蜂尾後針"，是坊間慣常用來描述黃蜂毒性的俗語。雖然在香港被黃蜂刺螫而致死的個案並不常見，不過倘若給許多黃蜂同時針到，或對蜂毒有敏感，便可能有生命危險。

　　黃蜂的針是有別於蜜蜂的，黃蜂在叮人後，尾針仍然保存在身上。愛爾蘭一位昆蟲家，在研究大黃蜂品種時，發現蜂巢可容納 5,000 隻蜂，而每隻黃蜂於盛怒時可以在 1 分鐘內作 15 次刺螫，所以不可小覷。

　　有一次，我前往港大校園，視察員工處理一個掛在樹上的黃蜂巢，蜂巢是用樹皮及木碎混和黃蜂唾液作材料，再一片片地重疊蓋上而成巢的，這個黃蜂巢巨型大如籃球一般。當時的一位員工為了執行任務，穿上厚質保護衣服，背負着滅蟲泵，泵裏盛載殺蟲藥混合劑，包括可以即時打暈昆蟲的殺蟲藥（Knock-down Insecticide）及含接觸性的殺蟲藥（Contact Poison）。但他首先必須對準巢穴的出口噴射，才能把黃蜂一網打盡。但員工爬上梯頂，移身尋找蜂巢出口時，意外地觸碰了蜂巢，於是未及噴射蟲藥，大批盛怒的黃蜂已衝出蜂巢，撲向該員工，黃蜂針刺穿厚質保護衣，那員工唯有急速滑下，與在地面的同事們一同急跑逃命，黃蜂窮追了一段路才肯罷休。

　　肇事的黃腰胡蜂，又名大褐胡蜂，工蜂體長 22~25 毫米，胸部呈黑色，腹部前半截黃色，後半截黑色，成蟲肉食性，但亦吸食花蜜及果液。

名　　稱：黃腰胡蜂
英文名稱：Lesser Banded Hornet /
　　　　　Large Brown Wasp
學　　名：Vespa affinis
所屬科目：胡蜂科
特　　徵：腹部前半截呈黃色，肉食性，
　　　　　能多次刺螫以作攻擊。

這些威猛的黃蜂，雖然善於用尾部的毒針來攻擊獵物及人類，但當遇上宿敵螳螂時，亦會一籌莫展，任其魚肉。黃蜂給螳螂抓着後，被咬斷成兩截，無法施展牠著名的"尾後針"伎倆。可憐的是，黃蜂整個身體可能被全部吞食，因為螳螂是昆蟲界中少數能消化昆蟲外殼幾丁質（Chitin）的獵捕者。

廣斧螳螂是黃腰胡蜂的宿敵。

螳螂捕蟲，小蜂在後

　　螳螂是著名的捕獵能手，即使如黃蜂這類有攻擊力的昆蟲，面對螳螂的制衡亦一籌莫展。螳螂是昆蟲界中視力特別好的一員，牠的頭部呈三角形，能自由地左右轉動，加上複眼非常發達，雙目具有顯微鏡般的視力。螳螂前足鐮刀形，有鋸齒，遇到獵物時，牠能靜悄悄地移近，然後以長長的前足以閃電般的速度牢牢地捕抓獵物，再用咀嚼式口器，分割獵物身體，直至慢慢地全部吃光。

　　若蟲螳螂以軟體小昆蟲，如蚜蟲、浮塵子、蚊及蛾蝶類幼蟲為食；成蟲則捕食較大的昆蟲如甲蟲、蜢、蜻蜓、蜂及其他農作物害蟲，因此對於農民來說是為益蟲。原產中國的中華大刀螳（Chinese Mantis），在香港頗常見。這品種於1890 年代被引進至北美洲來控制當地害蟲，並意外地成為受當地人喜愛飼養的昆蟲寵物之一。

中華大刀螳被引進至北美洲來控制害蟲。

螳螂雖然是昆蟲界的"強者"之一，但亦受制於其他品種的昆蟲。一種名為中華螳小蜂的小昆蟲正是螳螂的剋星。牠們的雌蜂有很長的產卵管，約為體長的 1.3~1.5 倍，能夠在螳螂產下的卵鞘尚未硬化前，利用產卵管穿過卵鞘，把蜂卵產放在螳螂卵旁。蜂卵孵化後，幼蟲會以卵鞘囊內的螳螂卵為食，成長後的小蜂便會破鞘囊而出。

名　　稱：廣斧螳
英文名稱：Giant Asian Mantis
學　　名：Hierodula patellifera
所屬科目：螳螂目
特　　徵：前翅有乳白色翅疣，擁有三角形
　　　　　頭部、發達的複眼，及有鋸
　　　　　齒的鐮刀形前足。

雌性中華螳小蜂的尾部有一條長長的產卵管。

中華螳小蜂身體具有金屬光澤的深綠褐色或黑褐色，後腳腿節粗大，有鋸齒狀棘突。

有學者發現，牠們的後腿強大而帶有鋸齒，用以抓附雌性螳螂的翅膀，方便貼身"坐順風車"般跟蹤螳螂，以便在螳螂卵鞘硬化前趁機產放蜂卵。

小蜂巧妙地發揮以小制大的寄生行為，達致"螳螂捕蟲，小蜂在後"的制衡現象。這種求生絕技，真令人歎為觀止。

名　　稱：中華螳小蜂
英文名稱：Torymid
學　　名：Podagrion mantis
所屬科目：長尾小蜂科
特　　徵：身體具金屬光輝，體長約3～4毫米，後腳腿節強壯而有鋸齒。

榕透翅毒蛾的天敵

幼蟲體色鮮艷,含毒液。

在香港的郊外遠足、在公園散步或是經過市區的路旁,都經常見到榕樹,特別是細葉榕(Chinese Banyan)。但是,原來不只是我們喜愛在這種遮蔭樹下休息,一些不受歡迎的昆蟲亦棲息於此,其中較常見的一種就是榕透翅毒蛾。

榕透翅毒蛾的幼蟲主食榕樹葉,如同其他毒蛾幼蟲一樣,體色鮮艷,身上長有許多中空的長毛,長毛的基部連有毒腺,當長毛被碰斷,毒液就會從長毛流出。如果我們沾染了這毒液,可引致皮膚及眼睛紅腫、灼熱和癢痛,因此這類昆蟲又俗稱為毒毛蟲(Urticating Caterpillar)。幼蟲前方有四枚紅斑,胸背上長有兩組厚厚的棕色典型毒蛾束毛。結蛹於葉面,蛹褐色,腹背有一條黃褐色(雌性)或綠色(雄性)帶狀斑。

雌性榕透翅毒蛾剛破殼而出。

榕透翅毒蛾雌雄外形相異，雌蟲體色是黃白色；雄蟲則是灰黑色，有透明翅膀，可知道這品種是以雄性的體態而命名的。成蟲通常在晚上活動，並有趨光性。雌蛾每次可產卵過百枚，如果數十隻雌蛾同時在短時間內產卵，便會有成千上萬的幼蟲出現。如此大場面的情景，每隔數年在香港間有發生，報章及電視台曾報道過在新界的村落、赤鱲角香港國際機場附近及彌敦道旁的細葉榕樹發現大量榕透翅毒蛾幼蟲。

榕透翅毒蛾傾向聚居多產，而幼蟲又有毒刺，這是否意味着牠們在榕樹組羣這大地盤上橫行霸道呢？需要知道原來一山還有一山高，一物治一物。在結卵的階段，毒蛾幼蟲受制於小型的寄生蜂。有一年秋天，我的朋友住在港島南灣，他居所泳池旁的兩株細葉榕樹也曾出現很多毒蛾幼蟲，令住戶都不敢游泳或走近。其後，我在朋友居所泳池旁的細葉榕樹上，找到曾受寄生蜂侵襲的毒蛾卵，蛾卵內的幼蜂成長後令卵的顏色變黑，最後小蜂破卵殼而出。

名　　稱：榕透翅毒蛾
英文名稱：Banyan Tussock Moth /
Clear-winged Tussock Moth
學　　名：Perina nuda
所屬科目：毒蛾科
特　　徵：雄蛾翅膀透明，卵子呈紅色，幼蟲體色鮮艷。

點蟲蟲、蟲蟲飛

榕樹上不難找到榕透翅毒蛾。

在同一地點，我又捕獲一種捕食性的刺蝽，名為叉角厲蝽，屬獵食性蝽象。叉角厲蝽擁有長刺針形的口器，用以吸食汁液。成蟲和若蟲可以攻擊同一獵物而相安無事，而且胃納很大，適應力強，更可以吃樹汁過活。

另一實驗中，我亦發現草蛉幼蟲對毒蛾幼蟲毫不畏懼，能在短時間內使用鐮刀形的口器把一條榕透翅毒蛾幼蟲的體液吸乾。

受到不少天敵的制衡，榕透翅毒蛾只得乖乖地與其他生物分享榕樹資源，靜靜地活下去。

名　　稱：叉角厲蝽
英文名稱：Strink Bug
學　　名：Eocanthecona furcellata
所屬科目：半翅目蝽科
特　　徵：擁有長刺針形的口器，具獵食性。

"三代同體" 的蚜蟲

在植物的嫩芽、菜葉或花序上常見的所謂"蝨",其實是蚜蟲。蚜蟲是細小的軟體昆蟲,如針頭般大小,常見的體長約 2 毫米。蚜蟲吸食植物汁液,阻礙其生長,還會傳播病毒。

體色鮮黃的夾竹桃蚜。

大多數蚜蟲的體色是綠色,亦有黑、棕或粉紅色的品種。常見的蚜蟲包括桃蚜、棉蚜、夾竹桃蚜、偽菜蚜、豆蚜及玉米蚜等等,其中夾竹桃蚜全身鮮黃,只有腹管、尾片及腳呈黑色,顏色對比明顯、奪目。另外,無翅型玉米蚜羣集於粟米花序,他們在吸食粟米汁液時,會把腹部向上豎起,騰出空位讓同類一同共享。

蚜蟲因為身體柔軟,容易成為其他動物的獵食對象,他們的天敵包括:瓢蟲、食蚜蠅、草蛉及寄生蜂等。而寄生蜂的幼蟲在蚜蟲的體內生長,會引致蚜蟲的外殼脹大、硬化,並轉變為金黃色。

雖然蚜蟲面對不少天敵，但是由於不同類型（無翅型及有翅型）的蚜蟲易於適應環境，加上牠們的繁殖方法快速而變化多端（可作孤雌或兩性生殖），所以蚜蟲仍是昆蟲界中異常成功的一族。

蚜蟲一般在食物充沛，溫度及日照理想的情況下，只會進行孤雌胎生繁殖，只會產下無翅雌蟲──似乎在牠們精密的計算中，在順境時生產雄蟲或有翅型的蚜蟲是一種不能接受的資源浪費。利用孤雌繁殖可省卻求偶或等待異性時的能量及時間消耗。通常在擠逼的環境或面對逆境時，才會生產有翅型的蚜蟲，以便找尋新的生存環境及寄主。正是因為蚜蟲懂得有效地儲蓄資源，所以牠們能快速及大量地繁殖。

名　　稱：蚜蟲
英文名稱：Aphids
學　　名：Aphidoidea
所屬科目：半翅目
特　　徵：腹部後端有一對腹管及一塊像尾巴的尾片。

在孤雌繁殖及資源充足的情況下，當一些無翅雌蟲體內還未誕下雌蟲，"女嬰胎兒"已懷有下一代的胚胎，換言之，蚜蟲可以同時擁有"三代同體"的繁殖絕技。一隻初生蚜蟲在一星期後每天已可以誕下五隻幼蚜，生產期可持續 30 天，並出現世代重疊現象，因此其繁殖力之強，令人難以置信，所以蚜蟲可稱為"繁殖學的精算師"！

大黑蟲及白毛小蟲均屬瓢蟲幼蟲的種類，正混在芽蟲羣中覓食。

十字花科蚜蟲的習性

幼嫩的菜心花序，也是芽蟲喜愛的食物之一。

香港人懂得享受佳餚美食，特別是新鮮的副食品，人均蔬菜消耗量名列世界前茅。那麼，香港人最喜歡吃甚麼蔬菜呢？根據蔬菜統營處的資料，在 1975~76 年期間，透過該處批銷的蔬菜，六個十字花科的品種佔據市場 51% 的銷量，其中白菜及菜心佔總銷量三分之一，分別有 17% 及 16.6%。據 2008~09 年的統計，十字花科的蔬菜仍然佔蔬菜統營處批銷的蔬菜首位，該科蔬菜的 10 類共佔市場銷售量 35%，而菜心的佔有率則升至 19%，市值佔 25%。

十字花科（Family Cruciferae）蔬菜的花朵都有四片分離的花瓣，為黃色或白色，排列成十字形，黃色花瓣的品種包括菜心和白菜，白花的則有芥蘭及蘿蔔。十字花蔬菜的品種非常豐富，常見的還有芥菜、津菜（又稱黃芽白）、西蘭花、椰菜、椰菜花、抱子甘藍、芥蘭頭、蕪菁（又稱大頭菜）等，煲湯用的西洋菜也屬於十字花科。

在 70 年代，漁農處已認定香港最有銷售潛質的蔬菜是菜心，而當時的菜心品種只適宜在秋涼時種植，後來經過漁農處職員在田間挑選品種研究，成功選出耐熱及耐水的新夏季品種"黃葉菜心"，開拓了一年四季都有菜心出產的局面，令農民及消費者得益。

為了滿足消費者的需求，菜農逐漸移師至粵北以及北京郊區種植十字花科蔬菜，再轉運到香港銷售，甚至來自香港的菜農，遠道前往寧夏紮根，為開拓新菜場，種植菜心、白菜及芥蘭。雖然當地寒冷的天氣局限了只有 6 個月的種植期，但由於病蟲害少及溫差大，所以這些蔬菜的質量很高，即使要遠程運送回港，仍大受歡迎，菜田的面積現已擴至萬多畝。香港人對十字花科蔬菜的喜愛，由此可見一斑。

十字花科蔬菜在港的生產及種植，並非一直順利無礙的。

十字花科的特徵是花朵有分離的四片花瓣，排列成十字形。

點蟲蟲、蟲蟲飛

早在 50 年代中期，蚜蟲已開始為患香港蔬菜。漁農處在 1963~64 年的報告上已提及十字花科蚜蟲（Brassica Aphids）引致蔬菜在冬季的收成損失嚴重。其後於 1969~70 年及 1970~71 年的年報上再指出，由蚜蟲傳播的蕪菁花葉病，俗稱"花葉病"（Turnip Mosaic Disease），為害已經越來越嚴重，除了令主要蔬菜品種如白菜、菜心、蘿蔔等減產外，更損害蔬菜的品質及經濟價值。

　　受到"花葉病"感染的菜株，葉片會呈現黃色斑紋、葉面皺縮和葉形畸異等病徵，菜株生長遲滯而變得矮小。"花葉病"主要由蚜蟲傳播，屬非持久性病毒，即是無須等待一段時間才能獲取或再傳播病毒，換言之，蚜蟲在吸食病株時，接觸及

遠在寧夏的大面積菜場。

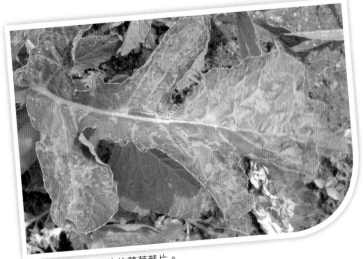
受到 "花葉病" 感染的蘿蔔葉片。

獲取到病原菌後，可以隨時傳染另一菜株，即使蚜蟲吸食了
有效農藥而立即死亡，牠染有病毒的口器已會把病毒傳播到
新菜株體上。一旦染上 "花葉病"，蔬菜便無藥可醫。

　　當時我從英國完成植物保護技術課程後回港，面對這個
棘手的病蟲害問題，於是決心研究這類蚜蟲的生活史及生態，
以找出其防治方法。香港的十字花科蚜蟲有兩種，分別是菜
縊管蚜（又稱偽菜蚜或蘿蔔蚜）和桃蚜。當時進行的十字花科
蚜蟲生態研究，主要包括這兩種蚜蟲的季節性變動、牠們的
生殖能力及習性、有翅成蟲的季節性及每天 24 小時的活動情
況、牠們在田間的天敵種類，以及以非化學農藥方法防治蚜
蟲和 "花葉病" 傳播的可行性。

經過逾三年來不斷地在田間種植、實地觀察及試驗，輔以實驗室的研究，發現這兩種蚜蟲有不少有趣的異同習性。

菜縊管蚜普遍在溫暖的季節如 7~9 月活動，蟲數以 9 月為最高。桃蚜則通常在較涼的季節活動，即 9~12 月。以全年蟲數量計算，菜縊管蚜明顯較多，是桃蚜的八倍。前者的生殖能力比後者強，但壽命則較短。

在田間試驗的四種農作物中（即菜心、白菜、芥菜、蘿蔔），發現菜縊管蚜明顯地喜歡蘿蔔，因此內地農民又會稱牠們為"蘿蔔蚜"，相比下，桃蚜則偏好菜心。

在同一株的寄主植物上，桃蚜較喜歡菜株下面近泥上的

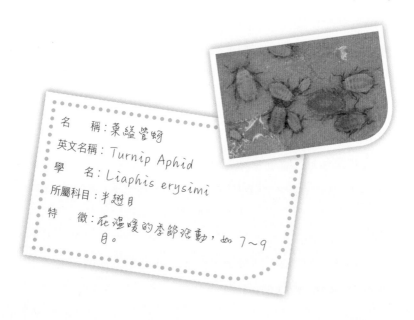

名　　稱：菜縊管蚜
英文名稱：*Turnip Aphid*
學　　名：*Liaphis erysimi*
所屬科目：半翅目
特　　徵：在溫暖的季節活動，如 7~9
　　　　　月。

葉片，而菜縊管蚜則傾向中間及上層的葉子，似乎這兩種蚜蟲彼此有默契，各自割據地盤，和平共存，但這分佈在炎熱天氣下並不明顯。

有翅桃蚜的活動比有翅菜縊管蚜高出 30%。桃蚜在每年 11 月至翌年的 2 月最為活躍，與 "花葉病" 發生的最嚴重時期吻合。菜縊管蚜則在 8~9 月間較為活躍。雖然兩者都受黃色吸引，但桃蚜反應更甚，受吸引程度較菜縊管蚜高 44%。

根據田間觀察發現，這兩種蚜蟲的天敵包括食蚜蠅及共八個不同品種的瓢蟲。桃蚜及菜縊管蚜分別被兩種不同的小繭蜂寄生。此外，牠們也被一種名為 Entomophthora frenii 的真菌（Fungus）侵襲，身體變為枯黃、棕啡、再變黑色，並導致死亡，但受攻擊的百分率很低。

名　　稱：桃蚜
英文名稱：Green Peach Aphid
學　　名：Myzus persicae
所屬科目：半翅目
特　　徵：在天涼的季節活動，如 9~12 月。

總括來說，菜縊管蚜和桃蚜都是十字花科蔬菜的重要害蟲，特色是前者因繁殖力強及專門侵襲十字花科，所以在吸取蔬菜營養的破壞力較前者為強。反過來說，在傳播"花葉病"方面，有翅桃蚜在晴朗天氣、乾涼的秋天及冬季特別活躍，所以在傳播病毒方面扮演更重要的角色。

一般以為昆蟲多數在夏天行動，但有翅桃蚜卻在秋冬較為活躍。

防治蚜蟲及花葉病的方法

　　在 70 年代中期，取得香港的十字花科蚜蟲生態研究結果，固然有助防治桃蚜及菜縊管蚜為患蔬菜，但是由於十字花科蔬菜的生產期較短而經濟價值較高，即使只受到普通程度的病蟲害破壞，已足以影響消費者的購買意欲及導致售價降低，所以很難單單依靠天敵這種緩慢或滯後性的方法來成功控制蚜蟲及防治"花葉病"。此外，雖然不斷有新一代的化學農藥可以有效地殺死蚜蟲，但因為蚜蟲是通過刺吸性口器進食才會吸入農藥，故在牠死前已用口器把疾病傳播，所以農藥亦未能有效防治"花葉病"。

在菜畦四邊懸吊小條反光紙。

基於以上原因，我便從蚜蟲的行為及習性方面開始，務求找出有效防治蚜蟲的方法。試驗結果發現有翅蚜蟲在天氣乾燥的秋、冬季最為活躍，而"花葉病"亦在秋、冬兩季流行。同時，蚜蟲對光線和顏色有明顯的喜惡，牠們受黃色吸引，但會趨向避開強烈的光線或由反光物體折回的強光。試驗研究亦顯示桃蚜對黃色及銀色反光紙的反應明顯，於是防治研究便集中於秋、冬季，同時利用反光原理，在上水的一農場作小規模試驗，測試不同反光形式對防治蚜蟲和"花葉病"的效果。

　　最初的田間試驗是測試三種不同反光紙設計形式，及利用當年農民常用的有反光作用的水畦（Flooded furrow）形式，

用小型膠膜屋加反光紙條。

再比較 "對照田"，先找出簡單而有效的防治蚜蟲方向，再作進一步的研究。試驗結果顯示，三種反光紙設計形式都能減少蚜蟲入侵，其中以在田邊四面圍繞反光紙的形式最簡單、實用和有效。接著，便把試驗集中，研究有效而合符經濟的方法，同時配合放置反光紙的距離及更容易為農民採用，包括試用帽形的反光物、在農田四邊圍繞反光紙再在田中放置反光帽、只在農田四邊圍繞反光紙，以及在農田四邊圍繞反光紙再在田中放置反光條。結果顯示最有效而可行的方法是採用闊 30 厘米的條狀反光紙，每隔 4 米距離的位置加放一條反光條，這方法減低蚜蟲入侵的程度最佳，及能夠有效地防治 "花葉病" 傳播。

在菜畦四邊放置條狀反光紙。

當年的研究亦包括採用條狀反光紙來栽培菜心種子,結果顯示這塊種子田的菜株比一般的健康,患上"花葉病"的病株顯著減少,生產出來的種子粒特別壯大,與其他菜田比較,產量更高出兩倍多。

利用反光紙來防治蚜蟲及"花葉病"的方法,曾經在 1972 年的農展會及 1993 年的"農展嘉年華"中示範展出,其後溫禮賢先生(R. Winney)接手研究,並成功利用反光紙來防治毛瓜類的嚴重害蟲——薊馬。

利用反光紙來防蟲病的優點是以物理防治來代替化學農藥,對消費者的健康及環境保護有積極的意義,今後的有機耕作及"信譽農場計劃"亦有採用這方法。

菜畦四邊有反光效果的水溝。

在菜田內試用帽形的反光物。

在菜畦四邊放置條狀反光紙，並在中央加放反光條。

點蟲蟲、蟲蟲飛

害蟲天敵 1：
亮麗的瓢蟲

　　日常生活中，廣為都市人認識及接受的昆蟲之一，就是披上鮮艷顏色及亮麗圖案的農夫益蟲——瓢蟲。這類細小、圓形及短足的甲蟲，外表閃亮順滑，胸背及前翅帶有鮮明、活潑的圖案，以黑色、紅色、黃色或橙色為主，常夾雜明顯的斑點或條紋。不少兒童服裝及玩具的設計，都參考了瓢蟲的圖案，可見瓢蟲頗受歡迎。

　　肉食性的瓢蟲是常見的害蟲天敵之一。牠們的成蟲與幼蟲均擁有咀嚼性的口器，同樣喜歡捕食身體柔軟的小昆蟲和蟎，特別是蚜蟲及介殼蟲。幼蟲體色大多深暗及有瘤突或體刺，蛹的外形有些像鳥糞，用以避開獵食者的注意。

　　瓢蟲的成蟲和幼蟲都是貪吃的狩獵者，一生中可捕食約 5,000 隻蚜蟲，所以在天敵羣類中，瓢蟲常被視為最具成效的天敵。但並不是所有瓢蟲都是益蟲，例如茄 28 星瓢蟲便是茄科農作物的主要害蟲之一。要分辨這類甲蟲是天敵或是害蟲，必須知道牠們是肉食性還是植食性，亦可以用另一個常規來分辨，就是察看牠們的身體表面，發亮的品種一般是益蟲，而

六斑月瓢蟲（Ladybird Beetles/ Ladybugs）體型細小，
但同一品種身上卻能呈現出不同的花紋。

有毛的種類大都是害蟲。

在生物防治歷史上，有不少引進瓢蟲來控制害蟲的成功
例子。最著名的是引入澳洲瓢蟲（學名：*Rodolia cardinalis*）
到美國加州來對付吹綿蚧殼蟲（學名：*Icerya purchasi*）。

在 18 世紀，原產於澳洲的蚧殼蟲意外地傳入北美，為害
當地橙樹，當時農民長期施以各種農藥來對付牠們，反導致蚧
殼蟲對所有殺蟲劑產生抗藥性，令加州及佛羅列達州的橙業
幾乎陷於全面崩潰狀態。幸好昆蟲學家醒覺到這種吹綿蚧殼
蟲在澳洲當地一直被澳洲瓢蟲有效地克制，於是及時在 1888
年後期引入約 500 隻澳洲瓢蟲，再在實驗室繁殖至一萬多隻

才交給農民在果園釋放。在短短數月裏，瓢蟲已經完全控制蚧殼蟲為害的局面，成功地拯救美國橙業。

在 60 年代初期，香港因意外輸入吹綿蚧殼蟲，導致本地的木麻黃（俗稱"馬尾松"）（Horsetail Tree）及柑桔類（Citrus spp.）受侵害。當時政府透過英聯邦生物防治所（Commonwealth Institute of Biological Control），從印度分站引進澳洲瓢蟲，引入後便把品種繁殖至 1,000 多隻，並在

名　　稱：28星瓢蟲
英文名稱：28-spotted Ladybird
學　　名：Henosepilachna
　　　　　virgintioctopunctata
所屬科目：鞘翅目
特　　徵：身體黃色及有短毛，並附有28
　　　　　粒黑斑點。

青山農場及又一村釋放，在 5 年以後，於青山及九龍發現大量的澳洲瓢蟲，並成功控制吹綿蚧殼蟲對本地馬尾松樹及柑桔樹的為害。

瓢蟲雖好，但也有牠們的天敵。我曾在石崗發現有一些瓢蟲的蛹曾被一些小寄生蜂及小寄生蠅侵襲。

澳洲瓢蟲現已住在香港，並開枝散葉了。

右方蟲蛹上的洞口顯示寄生昆蟲已破殼而出。

害蟲天敵2：
迷戀黃色的食蚜蠅

黑帶食蚜蠅的成蟲和蜜蜂有點相似。

在農田、野外或公園內的花叢間，假如我們細心察看，可能發現有些很像蜜蜂的小昆蟲，圍繞着花朵盤旋飛舞，牠們不斷拍打翅膀，像是直升機一般在空中停留不動。這些飛行獨特的昆蟲，就是食蚜蠅（又稱"花蠅"），是常見的害蟲天敵之一。

食蚜蠅的成蟲身體顏色黃黑相間，在外形上與蜜蜂及胡蜂十分相似，企圖混淆掠食者的判斷而逃過被捕食的命運，牠們以花粉及花蜜維生。食蚜蠅幼蟲是非常有效率的蚜蟲殺手，能用嘴咬起蚜蟲，很快地把蚜蟲的體液吮乾。幼蟲似乎也很懂得物競天擇的原理，能把自己的身體掩蔽於玉米的花蕾間，不易為捕食者察覺。

短翅刺腿食蚜蠅及黑帶食蚜蠅是香港常見的食蚜蠅品種。我在英國雷丁市留學期間，曾目睹馬路上吸引了為數甚多的食蚜蠅，牠們看見塗上了闊條黃色油漆帶紋的馬路（用以測試其耐久力），誤以為是一大片有黃色花朵的作物田，結果被路過的汽車輾斃，滿地蠅屍，慘不忍睹，令人印象非常深刻，可見食蚜蠅嗜愛黃色的程度，似乎已令牠們把生死置諸度外。

食蚜蠅中的紫額異巴食蚜蠅，專門攻擊白蘭樹害蟲烏心

名　　　稱：短翅刺腿食蚜蠅
英文名稱：Yellow-banded Hover Fly
學　　　名：Ischiodon scutellaris
所屬科目：雙翅目
特　　　徵：體色黃黑相間，外形似蜜蜂。

名　　　稱：黑帶食蚜蠅
英文名稱：Black-banded Hover Fly
學　　　名：Erisyrphus balteata
所屬科目：雙翅目
特　　　徵：嗜黃色及花朵，也是花粉的傳播者。

石蚜（White Jade Orchid Wolly Aphid），
成蟲體型纖細，胸部黑色，具強烈金屬
光澤，腹部有黃黑斑紋。牠們的幼蟲擅
於捕食用羊毛狀物質蓋體的烏心石蚜，可
惜牠們也會遇上天敵寄生蜂，而牠們的蛹被
寄生的百分比很高，因此在香港比較少見。

食蚜蠅結蛹於牠的獵物
蚜蟲的植物寄主上。

食蚜蠅幼蟲掩蔽於玉米的花蕾間。

在石崗觀音山腰上，金棕色的食蚜蠅蛹
已被小寄生蜂侵襲。

害蟲天敵 3：
殺手草蛉

常見的害蟲天敵之一——草蛉屬於昆蟲綱脈翅目內的草蛉科。草蛉成蟲體色碧綠，體長約 9~15 毫米，背上有半透明淺綠色而滿佈網狀脈的翅膀，令牠們看似披上一件清新脫俗的喱士衣裳，加上牠們天生又大又圓的金色眼睛，外形清秀。

草蛉幼蟲正進食毒蛾幼蟲。

草蛉成蟲和幼蟲的主食同樣是蚜蟲、蛾類幼蟲、粉蝨、薊馬、蟎類及其他細小節肢動物等等，成蟲亦會以花粉和花蜜維生，但是幼蟲時期的草蛉是兇猛而有效率的捕獵者，特別是對付蚜蟲，故有"蚜獅"的稱號。幼蟲可以在 2~3 星期的成長期中，食殺約 200 隻以上的害蟲或害蟲卵。由於牠們的獵物範圍廣闊、食量大、殺傷力強，在防治害蟲方面，效力顯著，草蛉可算是冷艷殺手。

幼蟲用獵物屍體及雜物黏在背上作為偽裝。

草蛉雌蟲每產一卵時，先放出一條柔軟的柄狀物料，黏在樹枝或樹葉上，然後在柄的另一端產卵，而卵柄迅速硬化，有卵柄的卵子並排出現，看去像一列小金菇並排，頗為別緻。雌蟲在樹枝或樹葉上產卵於長柄上，為教其天敵螞蟻難以找到，同時可以防止較早孵化出來的幼蟲吃掉身旁的草蛉卵，或幼蟲互相殘殺，可謂用心良苦。

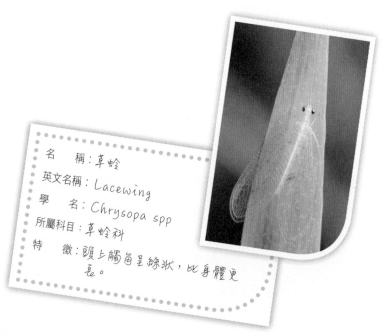

名　　稱：草蛉
英文名稱：Lacewing
學　　名：Chrysopa spp
所屬科目：草蛉科
特　　徵：頭上觸角呈絲狀，比身體更長。

幼蟲階段的草蛉，造型非常獨特。牠們的口器發達，並擁有鐮刀形狀的空心大顎，可以插入獵物的身體，注入麻醉毒液，然後吮乾牠們體內的汁液，草蛉幼蟲更可以舉起體型較小的蚜蟲來吸食。

有些幼蟲還懂得把吸乾後的獵物屍體及身旁的小雜物黏在背上作為偽裝，企圖避過掠食者的捕殺，又可以達到隱蔽自己以便更容易捕捉獵物的作用。草蛉幼蟲亦有發達的足腳，移動靈活，前進時喜歡左右擺動，用以增闊視野來找尋獵物。

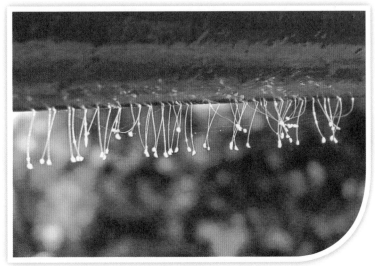

草蛉雌蟲產卵在鐵管上，看去還以為是鐵管長了金菇呢！

點蟲蟲、蟲蟲飛

在香港試種
香瓜茄

一次，有農民朋友從內地送來一些新品種的果苗到嘉道理農業研究所，他們稱之為"人參果"，引起了我的興趣。"人參果"是當年傳入中國時被內地農民冠上的名稱，果實像梨形的瓜，更貼切的名稱應為香瓜茄，這樣可以避免與真正的人參果混淆。

香瓜茄原產南美洲的安第斯山麓，是多年生常綠叢生性小灌木植物，果實的顏色淡綠至淺黃，成熟時有紫色條紋，並帶有清香氣味。為了推廣這新品種，我們還在香港漁農業科技促進協會每兩年一度的聚餐晚宴上，用香瓜茄烹調了一款菜式，獲得好評。之後不久，元朗亦有酒家迅速把香瓜茄列入菜單，並從內地進口，流行了一段時間，可惜這類蔬果不適宜長途運輸，所以供應未能延續，以致菜式最終停止。

棉鈴蟲幼蟲的前身鑽入果實，留出下半身懸吊於果側。

當時我在研究所的山地上，嘗試以不用農藥的方法來試種，研究在這樣的環境下，會有何種害蟲為害這類作物。一共試種了兩輪作物，第一輪的植物生長茂盛，雖然在生長後期出現各種害蟲，但是在完全沒有作出任何防蟲措施下，為害程度還不算太嚴重。

　　第一輪香瓜茄吸引的害蟲包括：棉鈴蟲（Tomato Fruitworm）、果蠅（又稱"實蠅"）、螞蟻及紅蜘蛛等，其中以果蠅為害較為嚴重。果蠅產卵於幼果內，幼蟲孵出後在果內不動聲色地生長，吸食果肉及汁液，令果實變為深棕色，然後整個果實跌在地面腐爛。

名　　稱：香瓜茄（又稱"人參果"）
英文名稱：Melon Pear / Pepino
學　　名：Solanum muricatum
所屬科目：茄科
特　　徵：屬小灌木植物，果實的顏色淡綠色淺黃。

另外，體型較大的螞蟻品種亦非常喜愛香瓜茄，牠們只侵襲那些因沉重而下垂至泥土面的果實，並在果上鑽挖很多洞口及通道，以方便蟻羣從泥土下的巢穴隨時進入果內進食新鮮果肉及吸取果汁。

果蠅幼蟲吸食果肉及汁液，令果實腐壞並變為深棕色。

兩條白色果蠅幼蟲鑽出腐果外面。

名　　稱：果蠅（又稱“實蠅”）
英文名稱：Fruit Flies
學　　名：Bactocera sp
所屬科目：雙翅目
特　　徵：體型細小，幼蟲喜生活於果實內。

名　　稱：行軍蟻
英文名稱：Driver Ant
學　　名：Dorylus sp
所屬科目：膜翅目，蟻科
特　　徵：原產自非洲，觸角彎曲，腹部有一、二節呈結節狀。

在第二輪作物試驗時，紅蜘蛛在幼苗期已出現，並在葉片下面吸食汁液，最終令其枯萎。牠們繁殖迅速，在短時間內數目可以驟增。紅蜘蛛喜歡聚集於植株的葉尖或竹枝的頂部，數量眾多時，驟眼看去就像一朵朵紅色的小花。細心觀察下，更可見"小花"之間滿佈了紅蜘蛛結下的絲條，縱橫交錯，而小小的紅蜘蛛就在絲條上往返遊走，好像汽車在公路上飛馳一般。由於紅蜘蛛能以幾何級數繁殖，第二輪的香瓜茄作物很快便枯死，顯示出紅蜘蛛的破壞力很強。

名　　稱：紅蜘蛛
英文名稱：Spider Mite
學　　名：Tetrarhynchus sp
所屬科目：葉蟎科
特　　徵：體長如針尖，呈淺紅色，以刺吸式口器吸吮葉片汁液。

紅蜘蛛繁殖力強，卻不是無敵的。有一位負責田間種植香瓜茄的員工曾目睹一種香港野生蜥蝪石龍子（Chinese Skink），用牠的舌頭不斷地舔食紅蜘蛛，證實了石龍子原來是紅蜘蛛的剋星，也是生物防治的一員猛將。

石龍子是紅蜘蛛的剋星。

鼠賊、貓兵與蛇將

　　為延續與孫兒們的尋蟲之旅，這幾年我們在百忙的城市生活中，有空便會到郊區舒展一下。其中一個較常到的地方是十四鄉井頭村的"園藝農場"，在哪裏我遇上兩個值得與各位分享的有趣生物故事。先談談貓、鼠、蛇這個動物組合的特別故事。

　　經營園藝農場的主要目的是推動有機農業及健康農產品的生產，並促進城市農夫計劃，它是一個開放式農場，接待會員及訪客。因為該農場時常開辦有機烹飪課程和教授健康食譜，加上田間有種植瓜果根莖植物，所以存放了各類食物，吸引了鼠類動物在那裏過活和繁衍。

農場裏食住無憂，有利鼠類繁衍。傳統誘捕老鼠方法
並不奏效。

傳統鐵籠誘捕方法並不見效，於是農場轉而採用生物防治，特別飼養一隊"貓兵"，負起防治鼠患的工作。"貓兵"來自江湖四海，有領養的、有被遺棄於農場門口的，也有會員送來的。成員包括女的"噹噹"、"珊珊"，男的有"JoJo"、"Long Long"，和"Midnight"等，牠們好像甚有默契地各自劃分地盤，像分工合作般對付"鼠賊"們。

農場引入"貓兵"來捉"鼠賊"。圖中的"噹噹"負責守護種植區 B 區。

資歷最深的要算男貓兵"JoJo"，牠懂得居高臨下，一眼關七地巡邏。

女貓兵"珊珊"身世特別，牠於 1997 年被遺棄在農場門口的紙箱內，連同寫有"珊珊"的一張字條及貓罐頭兩罐。"珊珊"負責士多區域，正機警地四顧視察。

點蟲蟲、蟲蟲飛

被遊客美食寵壞的"Long Long"失去了捕鼠興趣,懶洋洋地躺在地上。

好食好住的新環境令負責辦公室地區的"Midnight"無心捉鼠,正伏在地上伸伸懶腰。

　　起初"貓兵"工作似模似樣,捕獵老鼠成績不錯,但過了一段時間後,效果漸漸褪色。原因是貓兒捕鼠的新鮮感減退,而老鼠也越來越聰明,不再藏身於室內暗角,以免易於被貓兒闖入捉拿。老鼠改變策略,利用在泥土挖洞作隧道式深巢,令貓兒不能深入追捕。另一個重要原因,是農場遊客眾多,其中不乏愛貓之人,他們源源供應美食給貓兒,令牠們好食好住,結果培養了牠們嬌生慣養,好食懶飛的惰性,於是鼠患不再受控。

老鼠在土牆鑽出窄小的洞穴和隧道,令"貓兵"卻步,束手無策。

由於先前常見水律蛇（Oriental Rat Snake, Common Rat Snake，學名"滑鼠蛇"，*Ptyas mucosus*）在農場地域出沒，農場主人曾博士有見及此，於是心生一計，向有關人士解釋水律蛇的好處，並頒令員工加倍保護牠們，讓這種善於捕食老鼠的蛇類能安心繁衍，負起入洞追捕老鼠的重任。果然不久鼠患因此退卻，成為取代"貓兵"的捕鼠生力軍——"蛇將"。

名　　稱：水律蛇、滑鼠蛇、長標
英文名稱：Common Rat Snake / Oriental Rat Snake
學　　名：Ptyas mucosus
所屬科目：游蛇科
特　　徵：中型蛇，無毒；體長約2米，灰褐或黃褐色，有不規則或鋸齒形的黑斑條紋；日間活動，喜以鼠類為獵物。

點蟲蟲、蟲蟲飛

水律蛇在安心過活的情況下，開枝散葉地繁殖，令農場人員能目睹兩條水律蛇在田間難得一見的"起舞"表演。大部分人看到這些蛇舞的照片都以為牠們正在跳羅蔓蒂克的"婚舞"，但是經過我查看文獻、翻閱農場員工拍下的短片，再請教漁農自然護理署專家陳堅峰先生，及聆聽一位旁觀者的錄音口述（例如，先前另一條水律蛇剛比試完後落荒而逃等的參考資料），我的結論是這次蛇舞是兩條雄蛇爭地盤而跳的"爭霸之舞"，特別是雙方出現急劇而帶些敵意的動作，證明不是舞姿緩慢和斯文的"婚舞"。

善於捕食鼠隻的水律蛇，身型窈窕，行動敏捷，易於直搗老鼠洞穴。牠們很快有效地接收"貓兵"的捕鼠工作，成為農場中受歡迎的"蛇將"。

兩條雄性水律蛇相遇後，彼此豎起前身相對，似乎在互問對方高性大名才開始比試。

比試高下時，兩蛇舉起前身快速左旋右轉地轉動來較量。其間，身體曾稍向前方移動，地面上的蛇身亦互相纏繞。

雖然頭部在比試中互相貼近，和傾向壓低對方，但過程尚算斯文，也沒有張口惡意咬噬對方。牠們之間似乎能君子決定誰高誰下，領土誰應佔取。

點蟲蟲、蟲蟲飛

過了一段時期，鼠類活動再次出現，水律蛇數目卻下降。原來水律蛇吸引了大名鼎鼎的眼鏡王蛇（King Cobra，學名：*Ophiophagus hannah*）到來。牠專門捕食其他蛇類，是水律蛇的天敵和剋星。眼鏡王蛇的俗名過山烏也很有威懾力，意即當牠昂首走過山坡時，天空好像被遮蓋成烏黑色。這類蛇的出現，令水律蛇數目逐漸下降。眼鏡王蛇體長可達 5 米以上，喜日間活動，但怕見人類，遇上人類會盡快逃離。由於過山烏是出名的毒蛇，對人類安全構成一定威脅，所以當農場

以捕食蛇類出名的眼鏡王蛇（俗稱過山烏）是捕鼠專家水律蛇的剋星。

名　　稱：眼鏡王蛇（過山烏）
英文名稱：King Cobra
學　　名：*Ophiophagus hannah*
所屬科目：眼鏡蛇科
特　　徵：香港大型蛇類之一，毒牙具劇毒；體長一般約 3.5-4 米，受威脅時會攀起前身及張開頸部嚇敵；日間活動，喜以蛇類為獵物。

員工發現過山烏時，便立即通知警方調動外聘捉蛇專家處理或捕殺牠們，水律蛇亦因此能有較大生存空間，繼續為農場處理鼠患。

值得一提的是，一種體色黑白雙間、樣子像銀腳帶的蛇，或會因為過山烏的出現而存在，原來這種顏色標緻的蛇是過山烏的幼體，成長時間體色會逐漸變深，最終變為典型的過山烏模樣，這也是動物多樣化的迷人之處。

以上這個趣味小故事，顯示大自然存在"一物治一物"的奇妙現象，幾乎每一種生物物種，都會有天敵克制，像有一雙無形之手在指揮和促成某種生態平衡，使萬物能生生不息地各自存活下去。

體色趣怪、黑白雙間怪模樣、看似銀腳帶的蛇，原來是幼年的過山烏。與銀腳帶不同的是，牠動作敏捷而且喜白天活動。

點蟲蟲、蟲蟲飛

善用地心吸力的 樹蛙

　　園藝農場中另一則小生物趣味故事，來自居住在那裏的棕樹蛙。

　　在園藝農場的辦公室前面，建有一個正方形水池，而在其後方則建有兩個相連的長方形小池塘。它們除用作點綴園景外，還提供一個較為完整的水、陸生態環境，供小生物自然及多元化地生長，並更充實展示場內動植物活標本，以協助自然教育用途。

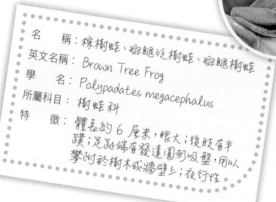

名　　稱：棕樹蛙、斑腿泛樹蛙、斑腿樹蛙
英文名稱：Brown Tree Frog
學　　名：Polypadates megacephalus
所屬科目：樹蛙科
特　　徵：體長約 6 厘米，眼大；後肢有半蹼；足趾端有發達圓形吸盤，用以攀附於樹木或牆壁上；夜行性。

在園藝農場的辦公室前方，建有一個正方形水池，池中有藻、水草、浮萍和巴西龜。水池中央建有一圓形白色圍欄，用以規範巴西龜的活動。

在農場辦公室後方建有兩個相連的長方形小池塘，池塘的一邊長有數棵高大的朴樹及以竹枝築成的矮籬笆。

在戶外的大自然，隨着季節轉替，不時也會令動植物的生態順應作出變更，於是上演了一幕小生物巧妙運用物理原理協助安全繁衍下一代的示範表演。2015 年和 2016 年春天，我兩度到訪園藝農場感受春回大地的氣息。當時，不少度過半冬眠的棕樹蛙，一起從度過寒冬的罅隙鑽出來，很快就抓緊春天的濕暖環境，進行交配產卵繁衍下一代。

雌性棕樹蛙攀在池塘邊產卵，兩隻雄蛙齊齊抱着雌蛙，把握機會進行體外受精，一同在水面產放出一堆像肥皂泡沫的卵團。卵團內藏有雌蛙產放的卵粒、濕潤具黏性的泡沫，和雄蛙產放的精子，形成一個相當合適的小環境，促進卵粒受孕的機會以繁衍下一代。

棕樹蛙通常會把卵團產放在池塘邊的水面上，方便日後孵化出來的蝌蚪投入水中開展新生活。

一如其他兩棲類動物，棕樹蛙也要利用水池作為牠們卵粒孵化為蝌蚪的生境地，讓蝌蚪在水裏成長，化為小蛙，再長成為以陸地作主要生境的樹蛙。雖然棕樹蛙通常懂得用最簡單的方法，在水池邊產下像肥皂泡的卵團，以便用鰓呼吸的初生蝌蚪能直接在水裏過活，但由於在水裏和水池附近有其他天敵（如巴西龜，Red-eared Slider）等虎視眈眈，於是棕樹蛙採用離開水面產卵的方法，發揮樹蛙攀高的本能，把卵團產放在水面較高的大片荷葉上，以策安全。

在農場辦公室前方的水池，養有幾隻成長的巴西龜，牠們食性雜，小蝌蚪自然成為牠們菜單中的美食。

其實，一些荷葉的生長也偏離建在水池用以規範巴西龜活動的圓形圍欄，於是棕樹蛙巧妙運用地心吸力原理，只把卵團產放在位於圓形圍欄內的荷葉上，小蝌蚪孵化出來時鑽離卵團後，便隨着地心吸引力原理垂直墮入圓形保護圈內，間接保護了小蝌蚪，大大減低蝌蚪被巴西龜捕食的機會。農場主人曾博士細心觀察這情景多年，肯定地告訴我樹蛙真的懂得利用地心吸引力的原理，來保障下一代的生存機會。

棕樹蛙還巧妙運用地心吸力的原理，只把卵團產放在位於圓形圍欄內的荷葉上，確保小蝌蚪孵化出來鑽離卵團時，會隨着地心吸引力垂直墮入保護圈內，間接減低小蝌蚪被巴西龜捕食的機會。

為減少天敵捕食小蝌蚪，棕樹蛙懂得避重就輕，不再在池邊水面產卵，把卵團產放在荷葉的中央。令天敵難以接近。

　　至於建築在高大朴樹旁的兩個長方形池塘，棕樹蛙自然也不會放過利用池塘的水來繁衍下一代的機會。但由於這個環境特殊，池塘旁邊有高樹和竹欄杆，相當適合蛇類活動，連棕樹蛙自己的安全亦受到威脅，所以不少棕樹蛙寧願爬上高高的朴樹來產卵，而產卵的位置幾乎全部都在池塘上面的樹枝和樹葉上，以便孵化出的小蝌蚪在卵團鑽出來時，能垂直墮入池塘內，確保小蝌蚪有適當的生境成長和活下去。

樹蛙卵團
置，垂直線
方就是池塘

在農場辦公室後方的長方形小池塘，因為一邊有竹籬笆和長有高大的朴樹，吸引蛇類到訪，棕樹蛙於是把卵團產放在樹上（紅色箭嘴所指位置），以策安全。

高高掛在朴樹頂的
棕樹蛙卵團。

兩個掛在朴樹頂的樹
蛙卵團，已有小蝌蚪
孵化和墮入下面的小
池塘。兩個卵團上的
小孔就是因為小蝌蚪
跳離而騰出的空間。

令人佩服的是，絕少卵團會錯誤產放在那些垂直線墮離池面的枝葉位置上，於是在樹上孵出的蝌蚪成功墮入水裏的機會極高，可見棕樹蛙確是善用地心吸力的高手呢！

既然談到棕樹蛙聰明利用地心吸力協助繁衍下代，這裏也順便介紹棕樹蛙從蝌蚪長大至成蛙的各個階段，包括長出後腳、前腳、轉變為有尾幼蛙和無尾幼蛙的過程。透過以下圖片，這些變化便一目了然地顯示出來！

蝌蚪成長的三個階段：(1) 小蝌蚪（中間位置）；(2) 長出一雙後腿（右方）；(3) 前後腿都長出了（左方）。

蝌蚪變樹蛙的過程：(1) 蝌蚪已變型為帶着短尾的幼蛙 (右方)；(2) 已沒有尾巴的
幼蛙 (左上方)；(3) 壯大了的幼蛙 (左下方)。

第三篇 貝殼的魔法

小學時跟學校老師到大嶼山的貝澳旅行，在海灘拾到了一些小貝殼，其中一個令我特別印象深刻的，就是那長約二吋的"織錦芋螺"，樣子十分美麗和吸引，我便把它好好收藏下來。可惜接着的一段日子，因為學業及工作繁忙，無暇延續對貝殼的興趣。

直至有一次因公事前往印尼雅加達，偶然看見當地超級市場陳列着亮麗的貝殼，我即時購買了一些標本，重燃了對貝殼的興趣。其後，前往外地公幹及度假時，都會選擇於近海的地方住宿，盡可能前往海邊搜集貝殼標本，因此增加了對不同地區貝殼的認識。

收集貝殼成為我度過晚年的興趣。透過認識貝殼千變萬化的生態及特色，加深對自然資源的了解和愛護，於生物的魔法世界中寓學習於娛樂，充實生活。

石頭長出來的花朵

　　有一年夏天，我與漁農業科技促進協會的會員到中國韶關去考察農業。一天，在一條河溪附近，看見在河溪岸邊及露出水面的石頭上，都有一束一束鮮艷粉紅的花朵，彷彿那些花朵是從石頭裏長出來的。細看之下，發現每組花朵是由約一百粒的圓形物體組成，原來這些在石頭上大量出現的粉紅物體是一堆堆的福壽螺卵粒，卵粒被產於水平線上，所以十分觸目。

河溪大石兩旁長出的"花朵"原是福壽螺的卵粒。

福壽螺原產自南美洲阿根廷及鄰近國家,生活於河溪、池塘、水田或溝渠的淡水環境。在 80 年代,福壽螺被引進台灣養殖,後來被棄於野外,牠們的適應力強,因而迅速繁殖,並曾在當地引起嚴重的稻田農害。福壽螺其後輾轉侵入日本、中國內地及東南亞。在香港新界各地如蕉徑及打鼓嶺等,都常見這品種,幸好本地農民已絕少利用水田來種植,故為害不大。

福壽螺貝殼殼表呈黃褐色、綠褐色或間有褐色條紋。

名　　稱:福壽螺(又稱"金寶螺")
英文名稱:Golden Apple Snail
學　　名:Pomacea canaliculata
所屬科目:蘋果螺科
特　　徵:殼表光滑,呈圓球形,高約70毫米,以水生植物為食。

貝殼動物農莊

　　貝殼的造型千變萬化，在觀賞貝殼時，加上一點幻想力，箇中之樂無窮，教人完全投入貝殼世界。

　　孫兒喜歡動物及歌唱"噢！麥當奴有個農莊"等英文兒歌，讓我從中獲得靈感。在我的貝殼品種收藏之中，選擇出一些與農場動物相像的標本，設計了一個貝殼組成的"動物農莊"，完成後仔細再看，覺得非常神似，能夠逗孫兒喜愛，亦可以娛樂自己及親友，一舉多得。

由貝殼組成的"動物農莊"，唯肖唯妙。

"動物農莊"所用的標本，都是比較常見及易找的貝殼品種。農場的圍欄由兩種蟶子——大竹蟶（Grand Jackknife Clam）及史樓恩竹蟶（Sloan's Jackknife Clam）所組成；農場的樹木則是尖山鐘螺（Tiered Top），外殼就如聖誕樹一般。農莊豈能沒有動物為主角呢？兩種綿羊角同心蛤（Meiocardia vulgaris）扮演大小綿羊；龍王同心蛤（Oxheart Clam）是飾演大黃牛的最佳選角；鷹翼魁蛤（Indo-Pacific Ark）充當肥豬，別具一格；而黃色的扭鶯蛤（Twisted Wing Oyster）裝成小雞，不作他選。另外，還有一些小螺及米螺品種可充當豬和雞的飼料。

　　農莊不能沒有主人，最佳人選便是一個捲曲形狀特別的紫蚯蚓螺（Armed Wormshell），看起來像是一個老農夫，頭微微向下垂、正在午睡，手上還抱着以一種澳洲小蛇螺造成的白柺杖。

　　整個"動物農莊"由貝殼組成，唯肖唯妙，可見貝殼外形多變、奇特，啟發無盡靈感。

貝殼世界中的巧合設計

　　貝類屬軟體動物，品種繁多，已知種類數目高達 18 萬種，是繼昆蟲綱後世界上第二大的生物類別。不同科目或屬類貝殼的形狀可大致分為規則形和不規則形兩種，前者包括：耳形（如鮑魚）、陀螺形（如鐘螺）、梨形（如法螺）、螺絲形（如錐螺）、紡錘形（如渦螺）、棍棒形（如鉛螺）、琵琶形（如鶉螺）和卵形（如寶螺）等；不規則形則有蜘蛛螺、蚯蚓螺、蛇螺和牡蠣等。

　　在我收集及遇見的貝殼中，發現軟體動物所生產的貝殼，形狀、顏色及圖案，千變萬化，令人目不暇給。看到一些巧

花兒般的貝殼：（後左至右）帝王拳螺、冠拳螺和長拳螺；（前左至右）角岩螺、加勒比海拳螺、輪狀星螺、刺短拳螺及短拳螺。

合的貝殼造型及設計，教人感受到大自然的奇妙，不禁歎為
觀止。

花花貝殼世界

從貝殼標本後面的角度看來，一些貝殼標本很像盛放的
花朵，尤其是來自拳螺科（Turbinellidae）的貝類，如巴西的
冠拳螺（Helmet Vase）、中美洲的加勒比海拳螺（Caribbean
Vase）；西太平洋的帝王拳螺（Imperial Vase）、長拳螺
（Ceramic Vase）、短拳螺（Common Pacific Vase）及刺短拳
螺（學名：*Vasum turbinellus form cornigerum*）等。而其他屬
類如角岩螺（Tuberose Rock-shell）和輪狀星螺（Wheel-like
Star）都如同燦爛開放的花朵。

拳螺屬熱帶品種，生活於低潮岩石區。牠們屬肉食性，
大部分喜以其他貝類為食。從拳螺的側面看來，還真的有點
兒像是拳頭呢！

（由左至右）冠拳螺、帝王拳螺、加勒比海拳螺和刺短拳螺。

變身鳥兒的貝殼

有一年夏天，我隨着香港特區貝類學會一同前往湛江旅行，並與當地的貝類專家進行交流。一天早上，我建議到離旅館不遠的大沙灘拾貝，團友們都同意了。我一馬當先向前行，在水邊的沙灘上尋找貝殼，意外地發現在淺水地區漂浮着一些我從未見過的蜆殼，牠們是不規則形狀，而且都張開了口（因本身寄居的動物已死去），呈黃色和紅色。於是通知團友，大家低頭拾貝，大部分團友們都有所收穫，大家樂也融融，而我也拾到十多枚標本作收藏用。

回港後，大多數朋友都把兩片貝殼閉合起來以便存放，但我卻讓這些貝殼自然開口，過些時候再拿出來把玩，無意間發現這些開口的貝殼標本外形竟酷似在站立的白鴿、雞隻

五穀飼料包括：（由左至右）小石蜑螺、齒紋凹梭螺、綠蜑螺、穀米螺。碟子則是螺的薄口蓋和雲母蛤薄殼片。

貝殼的魔法

或雀鳥，當下靈機一觸，把同類的雙殼貝類標本組合起來，再加一些小小粒狀貝殼扮演豆類及五穀飼料，供應給這些"雀鳥標本"食用。貝殼引發極多聯想，令人出乎意料。

雀鳥組合包括：（後左至右）三角帆蚌、大肚鶯蛤及企鵝鶯蛤；（前左至右）扭鶯蛤及朱紅鶯蛤。

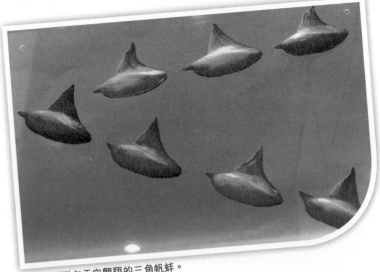

像野雁列隊在天空翱翔的三角帆蚌。

這些雀鳥形貝殼，黃色的是扭鶯蛤（Twisted Wing Oyster），紅色而體型較大的是朱紅鶯蛤（學名：*Pteria brevialata*）。原來這些品種，雖然不算罕有，但由於牠們生活於近海柳珊瑚中，所以並不常見。那天，我們所拾獲的鶯蛤空殼，相信是漁船捕魚時無意間撈獲、以為沒有經濟價值而棄置於水間的。

酷似禽鳥的貝類品種，主要是來自珍珠蛤科（Pteriidae）的鶯蛤，這種貝類前後兩端突出，形如兩翼，而且能夠結絲把自己吸附在堅固物體（例如柳珊瑚）上。品種包括大肚鶯蛤（學名：*Pteria loveni*），和體型較大的企鵝鶯蛤（Penguin Wing Oyster）。企鵝鶯蛤體長可達 14 厘米，在香港間中出現，主要是漁民在海裏捕捉回來。曾在多年前於吐露港海灘拾到數隻一邊殼的標本，相信是漁民取去一邊連肉的貝殼出售，把剩下的另一半棄置於石灘。

鶯蛤科的雙殼貝，殼內面有珍珠光澤，其中一些品種能生產珍珠，其中白蝶珍珠蛤（Giant Pearl Oyster）能生產白色珍珠，而黑蝶珍珠蛤（Pearl Oyster）則能生產黑珍珠。

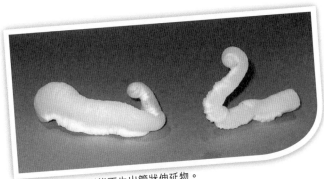

珊瑚礁螺因生長形態而生出管狀伸延物。

貝殼的魔法

貌似小鳥的貝類還有屬蚌科（Unionodae）的三角帆蚌（Triangle Sail Mussel / Freshwater Pearl Mussel）。這些蚌棲息於湖泊和河流，是中國特有的品種，常用於培育淡水珍珠或藥用無核片珠。幼蚌的樣子像是在飛行中的雀鳥，把牠們排列起來，別有一番景象！

另一種形狀特別的貝類就是珊瑚礁螺（Burrowing Coralshell）。這獨特的軟體動物生長於球形的貝殼內，不斷地加添鈣質物體於最後的蝸節上，形成管狀伸延物，黏附於珊瑚上，而管狀殼因為不同的生長環境，捲曲的形狀亦有異，有一些像是天鵝彎頸般。

蟲蛇之貝

貝殼標本，形態萬千，有些品種的形狀呈條形或管狀，模樣似蛇蟲類的動物。由於螺管生長並不規則，所以屬同一類的貝殼形狀也可能有明顯的差異，這亦增加牠們的觀賞價值。

蚯蚓螺科的成員：（後左至右）紫蚯蚓螺及如意蚯蚓螺；前方的是刺蚯蚓螺。

類似蟲蛇的貝類動物，主要來自蚯蚓螺科（Siliquariidae）和蛇螺科（Vermetidae），這兩科各自包含了一羣螺管不規則的奇怪貝類。蚯蚓螺的螺管有一條縱走的裂縫，所以英語統稱為"Slit Wormshell"，而蛇螺科的成員則沒有裂縫。在現今的生物分類學上對這兩科的動物研究不多，所以品種的命名上還有待整理。

　　蚯蚓螺棲息於淺海至深海，埋藏在海綿體內或珊瑚區間的海藻中，生活在固定位置，終生不移動；蛇螺類則棲於潮間帶至淺海底，牠們把殼固定在岩礁或其他螺殼上而居。這兩科的動物都以濾食浮游生物為生，食物經由外套腔中的鰓導引至口中。有些蛇螺有特大的足腺，能分泌有黏性的絲或網，用以收集食物。

　　所有蛇螺，一如其名，可以像蛇一樣不規則地盤繞。牠

一些蛇螺喜聚居，包括：（後左至右）黑蛇螺、羅氏蛇螺；（前左至右）繞着珊瑚螺的黑蛇螺、水母蛇螺、有閣蛇螺。

貝殼的魔法

們可以個別或聚居一起生活。有些品種如羅氏蛇螺（學名：
Serpulorbis roussaei）便習慣聚居，組羣變化多端。

前排（左至右）泰國皮革斧蛤、大型文蛤、皮革斧蛤；第二排全是文蛤；第三排（左
至右）澳洲三角斧蛤、南非金黃斧蛤、三角斧蛤；第四排（左至右）文蛤、紐西
蘭百合櫻蛤、西施舌、百合櫻蛤、文蛤；後排為四隻小型豆斧蛤。

豆斧蛤是較小型的印度太平洋區品種，常被海水沖上沙灘。

翩翩蝶舞

貝殼中還有外形像昆蟲類的蝴蝶，這一些類似蝴蝶的貝殼標本主要來自雙殼綱裏的一些科目，如簾蛤科、紫雲蛤科、櫻蛤科和斧蛤科等等。貌似蝴蝶的蜆蛤品種，來自世界各地的淺海沙底，產量豐富，多數供人食用。

簾蛤科的文蛤（Poker-chip Venus）、紫雲蛤科的西施舌（Diphos Sanguin）及斧蛤科的豆斧蛤（Pacific Bean Donax）均是香港常見的品種。文蛤（俗稱"沙白"）是中國及香港常作食用的貝類，牠們殼表光滑，通常黃色而帶有褐斑，並有多變化的彩紋。西施舌是船形的薄殼品種，殼表紫色並有淺色輪帶。豆斧蛤是較小型的品種，體長約 1.8 厘米，常被海水沖上較少人踏足的新界沙灘。這品種的色澤和圖案變化特多。

百合櫻蛤（Lily Tellin）是紐西蘭的一種白色、卵形雙殼貝。我曾在紐西蘭北島的沙灘上，撥弄沙粒時無意中發現幼貝的標本，相信是當地普遍的品種。皮革斧蛤（Leather Donax）屬印度洋地區品種，當一對殼片未張開時就像蝴蝶在休息的樣子，被香港的海鮮餐廳稱為"蝴蝶蚌"，盛產季節

在一名菲律賓貝殼收藏家家中遇上與人一般高的蛇螺（Giant Wormshell）。

貝殼的魔法

時從泰國南部輸港，頗受食客歡迎。金黃斧蛤（Saw Donax）是南非沙灘常見的品種，殼表深黃褐色，褪皮後變白色，外形像飛行力強的蝴蝶。三角斧蛤（Goolwa Donax）是澳洲南部的食用貝類，亦有用作魚餌，當地人稱之為"Pipi"，味道甜美。

貝殼的魚樂無窮

外表像魚類的貝類品種，主要來自雙殼貝的袋狀江珧蛤（Baggy Pen Shell）。這品種又名囊形江珧蛤，屬江珧蛤科（Pinnidae），與我們食用的江珧蛤（即是帶子）是近親。袋狀江珧蛤的殼長一般約 5~8 厘米，可長達 14 厘米，殼身較薄，呈淡褐色，間有帶深褐色斑紋，較少見的有深褐色、淺紫色的標本。殼頂較尖，殼身常凹凸不平及彎曲，生活在礁岩海約 1~5 米深地區，通常是夾在珊瑚縫隙中，在採集時容易被弄破，故此較少見到大型完整標本。

袋狀江珧蛤的殼身凹凸不平，形態各有不同。

由於受身旁的珊瑚或其他固體物所影響，袋狀江珧蛤的標本形狀亦多樣化：或俯視、或仰望、或轉首，形態多姿多彩，充滿動感。

像是"龍吐珠"的袋狀江珧蛤。

貝殼的形象與設計

貝殼的形象與設計，與世界的一些事物巧合得出奇，令人不禁懷疑眼前的事物，究竟是貝類模仿其他物品的形狀，還是其他物品仿效貝殼呢？不然，為甚麼貝殼天賦的形象竟會相似其他物品？

有一種貝殼的外形跟我們平日食用的"通心粉"極為神似，這種貝殼便是捲殼烏賊（學名：*Spirula spirula*）死後遺下來的貝殼（Common Spirula）。捲殼烏賊是一種深海的小型品種，體長約35~45毫米。這些平面捲曲長約25毫米的小貝殼，藏於烏賊體內，包含有20~30個互通的小氣室以提供浮力。捲殼烏

捲殼烏賊的小貝殼構造與鸚鵡螺相似，用以提供浮力。

賊的小貝殼在世界各地都有出現，但並不常見。我曾在西澳洲旅遊時，在沙灘上的海藻堆上發現這些標本。

而來自海菊蛤科的貯水海菊蛤（Water Thorny Oyster）則令人聯想到西式早餐的"太陽煎蛋"。這種雙貝類品種的體型較大，體長約 8 厘米，殼厚而重，左殼稍凸，呈白色，殼頂部分常帶有紅色或黃色斑紋。如同其他海菊蛤一樣，貯水海菊蛤的殼面有短刺。牠們偶爾會把海水貯於殼內，故名貯水海菊蛤。

貯水海菊蛤殼頂部分帶有鮮色，像是"太陽煎蛋"。

巧合的造型設計聯繫了貝殼品種及著名建築物。鋸齒牡蠣的標本就與澳洲的悉尼歌劇院很相像。鋸齒牡蠣（又稱"雞冠牡蠣"，Cock's Comb Oyster）是牡蠣科的成員，殼表灰褐或紫褐色，殼長達 8cm，略呈不規則掌形，兩邊殼脊尖銳起伏，形成數個弓狀物，看似鋸齒，也有點像雞冠，故名。此品種長於熱帶印度太平洋。

除了建築物以外，貝殼的外形亦會與人類其他創造相似。百肋楊桃螺就與噴射機引擎非常相像。百肋楊桃螺（Imperial Harp）是毛里裘斯的特有珍貴品種，體長約 75 毫米，螺殼的造型非常獨特，海螺的最大體層有 30~40 條密集的縱肋，而每條肋在貝殼脊部有尖突，向上伸延至次體層及其他小體層。殼表呈乳白色，並有褐色和橙褐色斷開的橫向斑帶。從螺的後方看，貝殼的輻射形肋條，既精

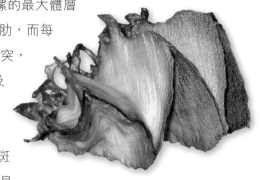

鋸齒牡蠣的兩殼有尖銳起伏的弓狀脊，外形獨特。

細，又美觀，巧奪天工。整個設計外觀，與噴射機引擎極相似，簡直不可思議。百肋楊桃螺的花紋艷麗，色調明亮中帶柔和，是最受人青睞的海貝之一。

百肋楊桃螺的輻射形肋條，彷彿是噴射機引擎正在運轉。

近墨者黑
的芋螺

　　師長們教導孩子，偶爾會提及"近朱者赤，近墨者黑"這個道理，原來在貝殼世界中，也有一些標本組合能生動地解說出這道理的意思。

　　將軍芋螺（General Cone）是芋螺科的主要成員之一，個別標本的顏色和圖案變化頗大。

　　從我的收藏中，發現可排到一個有趣的組合，那就是選出其中一隻以棕色為主的芋螺，另一隻標本則是淺黃色為主，

三隻將軍芋螺標本實現了"近墨者黑"的道理，
中間是較為罕見的雙色標本。

放在牠們中間的較罕見芋螺標本則半邊是棕色，另一半是淺黃色，如此便活靈活現地解釋了"近朱者赤，近墨者黑"的道理，相信大家能有更深刻的體會。

芋螺是肉食性貝類，牠們擁有魚鎗式的口器，與毒囊接連，用以注入毒液至獵物身上，麻醉或殺死牠們才慢慢享用。芋螺中有一些品種毒液性能特別強，足以令人致命。

我有一次前往澳洲墨爾本東北的小鎮 Lakes Entrance，到訪那兒一間家庭式貝殼博物館及商店，當女店主把貝殼標本裝入塑膠小袋時，我發覺她的面部及手部皮膚迅速變紅。原來她多年前與丈夫在附近潛水研究及找尋貝殼時，不慎被一隻芋螺刺中手部，其後她在回家的途中暈倒，醫治後便對某些化學物（如附在膠袋的一些化學物質）呈過敏反應，由此可見芋螺對人體會造成影響。

左旋右轉的
錯體貝殼

　　不少人都有收集物件的嗜好，例如集郵、紙幣等。有時，郵票及紙幣間中出現罕見的錯體，令收藏者趨之若鶩。在貝殼世界中，不時亦有類似的錯體標本出現，其中最為人熟悉的就是左旋貝的錯體。據知，古時印度鉛螺的左旋貝是非常珍貴的錯體貝，甚至是當時的身份象徵，只有皇室貴族才可擁有。

　　在軟體動物的成長過程中，會在貝殼的外緣加添貝質物料，使貝殼與身體同步長大。在單瓣貝類（即常見的各種螺及蝸牛等動物）上，貝殼會彎曲渦捲式地朝着一個方向生長，當中絕大部分的品種會採取順時針方向（即向右旋）（Dextrally coiled）生長。當一些貝殼個體罕有地出現反時針捲曲（即向左旋）（Sinistrally coiled）生長時，這就是錯體貝殼。

常見的右旋貝殼。

我一直希望能夠使用左旋貝殼作比較及解說用途，但原來它們並不容易找到。某一天，我的一名好友要前往印度公幹，於是我請他試試能否代找些左旋貝殼。他回來時果然買到了一個角香螺（Thick-tail False Fusus）的左旋標本。他是如何找到這左旋標本呢？當時，他在印度找左旋貝時，店主二話不說地拿出一個標本給他，說是

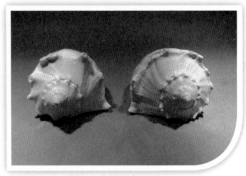

來自印度的一對左、右旋的角香螺。

貝殼上方的尖端是動物的頭部，動物生前所佔的位置，亦因旋轉方向不同而各異。

左旋貝，但他不懂如何鑑定左旋貝，呆了一會，居然想出了一個十足把握的方法：原來他當機立斷地決定買下一對不同轉向的標本！這對標本現在成為我家中的"鎮屋之寶"，再加上我從菲律賓及泰國旅遊時買下的左旋貝殼便構成一組左旋右轉的正體及錯體貝殼家族圖畫。

怎樣分辨左旋和右旋呢？通常貝殼上方的尖端才是動物的頭部，而貝殼闊大部分中央的螺尖，就是幼貝開始生長的

貝殼的魔法

左旋香螺（左）及西印度黑香螺（右），從螺尖的生長方向便可分辨貝殼是左旋還是右旋。

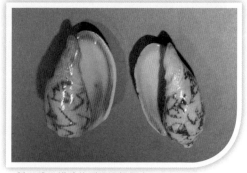

一對正體及錯體的蝙蝠渦螺標本，左方是左旋的錯體標本。

位置。從螺尖隨着生長方向畫圈便可知該貝殼是順時針方向地捲曲生長（即右旋），還是逆時針方面生長（即左旋）。當曲捲紋不太明顯時，可觀察貝殼的腹部，如果動物生前所佔的空間是在牠的右邊，那就是右旋；空位在左邊便是左旋。用這簡單方法，左旋右轉便可一目了然地分辨出來！

不過在生物世界裏，其實沒有絕對的事。左旋貝雖然公認是罕有的錯體標本，但在某一屬的貝類品種，如美洲的左旋香螺（Lightning Whelk）及左旋角香螺（Perverse Whelk），正常的個體是左旋，反而如果出現右旋的標本，那才是罕有的錯體貝殼呢！

拖鞋貝的雄雌變

有一種小型的淺海軟體動物，外殼有點像茶杯，體內有一片殼質隔板，伸延的長度最多佔一半體長，用來支撐其柔軟的消化器官。軟體動物死後留下的貝殼，從腹部看去的形狀就像我們家裏日用的拖鞋，所以叫拖鞋貝（Slipper Shell）。由於拖鞋貝的外形也像一條小舟，所以亦稱為"舟螺"（Boat Shell）。

有一年夏天，我到美國探望兒子，一同驅車到新澤西州東岸的海邊遊玩。在一個受當地泳客歡迎的沙灘上，發現了

大西洋拖鞋貝大規模地在沙灘沿岸出現。

大量大西洋拖鞋貝（Common Atlantic Slipper Shell），貝殼沿着水邊的沙灘位置積成小堆，相當可觀。更令人雀躍的是，能夠拍攝到一些難得的拖鞋貝生態，增加對這類貝殼的認識。

拖鞋貝的生產過程並不尋常，因為牠們會轉變性別。年輕細小的個體都是雄性，喜歡移動，在完全成長後便轉變為體型大的雌性個體，然後一般兩歲以上的拖鞋貝便會停留在原位不再移動。

大西洋拖鞋貝特別喜歡附在其他貝殼上面，包括在玉螺、響螺、蠔或其他硬物上生長。雄性個體多數伏於雌性個體身上以便易於授精，長大後變為雌性時，再有新一代的雄性個體前來附上，這樣重複發生便導致像疊羅漢的情況出現。

大西洋拖鞋貝在下方的雌貝背上附有一深色的小貝，那是雄性個體。

此相片正展示了這品種由雄變雌的特殊生長過程：最下面的三隻都是雌貝，雄貝附在上面成長後又變成雌貝，現時只有最上面的小貝仍是雄性的。

香港的貝殼生機

在外地固然有不少引人入勝的貝殼，其實在我們身處的香港，只要稍多留意及細心觀察，不難發現貝類或軟體動物的出沒，即使在夏日人氣旺盛的沙灘、海邊，例如淺水灣和南灣，在泳客較少的海灘角落，都可以找到一些細小的貝殼，例如彩虹蜑螺（Common Button Tops）。

香港已記錄的貝類超過 610 種，其中以海貝類別最多，包括在海灘最常見的各種蜑螺（Nerites）、笠螺（Limpets）、鐘螺（Top Shells）、玉螺（Moon shells）、錐螺（Screw Shells）、織紋螺（Nasa Mud Snails）、蟹守螺（Ceriths）、牡蠣（俗稱蠔，Oysters）、殼菜蛤（Mussels）（包括可食用的青口，Green Mussels）、簾蛤（Venuses）（包括常供食用的文蛤，Poker-chip Venus）、花甲（Textile Venus）等等。在香港較常見的海貝品種也包括各種寶螺（Cowries）、芋螺（Cones）、骨螺（Murex）、鳳凰螺（Conchs）、筆螺（Miters）、榧螺（Olives）、蝸螺（Volutes）、蠑螺（Turbans）、泡螺和棗螺（Bubble and Bulla Shells）、拳螺（Vases）、竹蟶（Razor Shells）、扇貝（Scallops）、江珧蛤（俗稱帶子）（Pen

Shells)、石鱉（Chitons）及小型蛇螺（Worm Shells）等。

　　由於香港的海灘泳客多，以及為了保持沙灘的潔淨，定時清掃，因此灘上的貝殼較少及難找。在一些遠離市區的沙灘，貝殼品種和數量相對較多，例如在新界的東北部海灘，有較多的小蝴蝶形豆斧蛤及可食用的"沙白"及紫晃蛤出現。願意跋涉前往離島的話，收穫可能更豐盛，在長洲和南丫島的各小海灘，都可找到較少見的海貝品種，如一些小型的蛇螺、拖鞋貝、棗螺等。在大嶼山貝澳，就如其名，貝類品種特別多。品種最豐富、同時最偏遠和法例管制最嚴格的地方是東

香港常見的海貝：（左）彩虹蝸螺、（中上及正中）笠螺、（中下）石鱉、（右上）棗螺及（右下）鐘螺。

坪洲，這小島在 2001 年被列為海岸公園，禁止採集任何死、活標本，但很值得前往觀察或拍攝標本作參考之用。

在香港陸上的貝類動物有大型的非洲蝸牛（Giant African Snail）和較小的細斑蝸牛（Small Banded Snail）。牠們是植食性的，常見於菜田花圃和郊區，可為患蔬果類作物。這兩個品種通常喜歡棲匿於潮濕和暗陰的地方，在晚上或下雨天才出現。另外，近林木地區出現的灰帶環口螺（Family Cyclophoridae）和只在晚間出現的鱉甲蝸牛（Family Helicarionidae）。普遍在新界郊區的水坑或水田附近出現的淡水蝸牛有福壽螺（見頁 112）。

觀看和研究貝殼的方法是觀察活標本。這類軟體動物常黏附於石上，包括笠螺、小鐘螺、蜑螺及石鱉。此外，不少人都喜歡在沙灘拾貝（beach combing），這樣不會影響該品種的延續，亦無須照顧或處理生貝。不過，拾貝時只宜拾取空殼，不宜採走生貝，亦可以觀察活標本和拍攝牠們的生態以留下記錄。

香港常見的陸貝包括：（由左至右）細斑蝸牛、灰帶環口螺、非洲蝸牛（幼貝）及鱉甲蝸牛。

貝殼的魔法

雖然撿拾死去的貝類軀體不會影響該品種的繁衍，但原來在一些情況下也可能影響其他生物品種的生態。在新加坡，有學者發現如果大量採集死去的蛞螺，會導致幼年寄生蟹難找藏身之所，繼而影響寄生蟹的延續。所以在收集貝殼時，亦要充分考慮自然保育及環境保護原則，並遵守各項法規，保護瀕危物種和避免破壞有關動物的生存環境。

　　在西貢的獅子會自然教育中心設有貝殼館，不失為一個資料充足的貝殼入門介紹的好地方。

第二章

蟲這裏開始回憶

第一篇　蟲小時候出發

生物與我，自小就結下一個解不開的緣分。童年時的居處提供了一個認識自然生物的好環境，每天與小昆蟲、小動物的接觸造就我對生物的興趣，亦影響了我其後在學業及工作上的決定。

回憶起兒時往事，與兄弟一起摘荔枝、養金魚、照田雞，在鄉郊及溪澗中遊玩，不亦樂乎，那時怎樣也沒想到對自然的愛好可以發展為終身事業。對於孩子來說，能夠選擇自己感興趣的事物來學習，從中得樂是自然不過的事。而這一篇章，就是我童年時與生物結緣的片段。

粉嶺安樂村故居

粉嶺現今已有大片土地被發展成新市鎮了。

　　小時候居住的地方充滿田園氣息，時刻可以與大自然接觸，從而幫助我對生物產生興趣，長大後選擇學習生物學及從事應用生物學的工作。

　　一切從我 12 歲時搬入新界粉嶺安樂村的故居"然廬"開始。"然廬"是一所戰前舊屋，以我母親朱樂然的名字命名，父母親當年買下它再進行翻新工程。

故居"然廬"的外貌。

故居佔地約 13,000 平方呎，平面地形為直角三角形。在斜邊的那方有一條約 10 多呎闊的溪澗，而短的一邊則面向聯和墟，房子位於這地界的中央。屋前有數株樹木，包括：一株鳳凰木（俗稱 "影樹"）（Flame of the Forest）、三株筆直的桄榔樹（Sugar Palm）、四株宮粉羊蹄甲（Camels Foot Tree）以及鄰近屋旁圍牆的一棵約 30 呎高的烏欖樹（Chinese Black Olive）。除了這些分散生長的樹木外，屋前還有一片寬廣無阻的草地，是孩子們玩耍的最佳場地。

屋子有兩層，每層面積約 1,300 平方呎，對於成長中的孩子來說，有充足的活動空間。全屋設備簡單，並沒有防蚊子的沙網。二樓的金字塔型屋頂用瓦片蓋成，樓身很高，有一間大房及兩間約 50 平方呎的小房，我的童年歲月就是在其中一間小房及自然世界中度過。二樓有一條平直的走廊，從那裏可遠眺粉嶺聯和墟。

從菜地望過去的屋子側景。

故居除了房子外，還有菜地、花園及果園。菜地在屋子的左邊，是一個面積約 4,000 平方呎的小長方形，連接着外街及花園。菜地與外街相連的邊界，以有刺的鐵線作籬笆；另一邊與花園相連，則以矮短的山指甲（Chinese Privet）隔開，另有三叢散尾葵（Bamboo Palm）生長在近屋子的位置。在兩邊相遇的直角位置，長有一株高 30 多呎的塔杉（Banya-banya）。

　　屋後的花園，有草地及活動的地方，並種有一株高約 40 呎的石栗樹（Candlenut Tree），樹身長有一條橫向的大樹枝，正好讓我們裝上一個大鞦韆。

高高的石栗樹是建設大鞦韆的好地方。

果園位於三角形屋地的尖端，種有十多棵荔枝樹，以桂味品種為主。附近的樹木還有在溪旁的石隙中長出來的一棵蘋婆樹（Noble Bottle Tree）及一棵蒲桃樹（Rose Apple）、一叢大蕉（Banana）、一棵楊桃樹（Carambola）、五株番石榴樹（Guava）以及一棵約十多呎高但從不結果的雄性烏欖樹。

這樣的自然環境組合，是我與大自然為伍的基地，也是我與生物結緣的起點。

大家齊爬荔枝樹：（由上至下）六弟、我（排行第五）、十一妹和四哥。

清溪流水

50 年代盒子相機現在已不易找到了。

粉嶺安樂村故居範圍內的各種樹木、屋旁的清溪、屋前的草地，及鄰近鄉郊的一草一木，提供各式各樣與大自然親近的活動場地，賜給我一段回味無窮的童年回憶。最難得的是，比我年長五年的二哥，在 50 年代以十來歲的小小年紀，已能夠自發地跟隨在報館當專業攝影記者的堂舅父，學會用簡單的 "Box" 相機，拍下了粉嶺故居的一些珍貴相片，加強了我對往事的記憶及活化了我們當年的故事。

兒時的田園活動多姿多彩，例如在屋旁水溪裏建造小壩來學游泳、捉魚蝦、摸蜆蚌；爬到樹上乘涼、看書和摘荔枝；在花園間盪鞦韆、踏單車；在溪澗捉魚蝦；在野外撈水蝨和紅蟲、照田雞；以及養金魚、飼養雞、鵝、鴨及兔子等禽畜。

最吸引我們這羣從市區初到鄉村的小孩就是那清清的小溪。遷入新居後，我們幾兄弟姐妹搶着到小溪玩耍。當年的溪水清澈見底，溪裏有茂盛而綠悠悠的水草，葉子長約一呎，有點像闊葉的韭菜，隨着水流緩緩擺動、搖曳生姿。穿插於水草間亦有很多小魚、小蝦及小蟹（俗稱"蟛蜞"），溪底的鬆軟泥土中亦藏有不少蜆和蚌，有的蚌體型如一隻手掌大小。

　　孩子們利用石塊、碎磚及溪底的泥沙在小溪築成一條橫壩，以減慢水流和增加水深，一方面阻截魚蝦向下游走，另一方面亦提供一個小水池可以嬉水及游泳。

　　我們最感興趣的活動就是捕捉魚蝦。鄉村的孩子會就地取材，利用廚房的筲箕來捕捉魚蝦，把"收穫"放進盛了水的洗面盆，大家圍着觀看，樂在其中。這些淡水小蝦，擁有一對很長而具有螯鉗的步足，體長（包括螯鉗）約 8~12 厘米，故稱之為細長臂蝦或海南沼蝦（Small Long-armed Shrimp）。小魚的體長約 7 厘米，游動迅速，活潑可愛，是鯉科的一個小型品種，其體側有 5~7 條垂直黑魚條，俗稱為七星魚或條紋二鬚魮（學名：*Capoeta semifasciolata*）。

水溪位於前方磚柱左面對下。

有一天，我們幾兄妹在晚上用電筒照看溪水時，發現小魚們都在水面悠閒地游來游去，於是我們便部署了一個"晚上捕魚行動"，安排四兄至七弟共四人分為兩小隊，在闊約 10 呎小溪兩邊的上游及下游位置，各自拿一個筲箕，然後一起沿着溪邊急步地涉水互相移近，到匯合點便同時舉起"漁網"，果然收穫甚豐，連塘蝨魚（Catfish）也捉到數條。既然成功了一次，當然要再來，在其後的一個週末晚上，兄弟們重施故技，可是這次當我們一同"起網"時，其中一個筲箕裏出現了一個不速之客，是一條約兩呎長的中國水蛇！牠的突然出現，教我們不知所措，不約而同地一起拋掉所有"漁獲"，急忙涉水逃命般似的趕返岸上。

中國水蛇以魚及蛙類為主要食糧，並慣於在晚上獵食。孩子們夜間捕魚，目標與時間與牠相同，哪能不與中國水蛇狹路相逢呢！經此一役，我們再不敢在夜間涉水捕魚了。

名　　稱：中國水蛇
英文名稱：Chinese Water Snake
學　　名：Enhydris chinensis
所屬科目：游蛇科
特　　徵：生長於淡水溪流、池塘、和水
　　　　　稻田間，喜晚上活動。

一閃一閃
亮晶晶

《三字經》中的"如囊螢，如映雪"記載了古人在艱苦的環境下，在晚上用螢火蟲代替燈光來勤奮讀書。在生活中螢火蟲真的能用來照明嗎？

童年時在安樂村成長，常在屋前那一片平坦廣闊的草地上度過時光。不少夏秋的晚上，數目相當的螢火蟲在草地上悠悠飛舞，發出淺黃綠色的螢光，一閃一閃地移動，就像兒歌"一閃一閃亮晶晶"裏的詞句一樣，簡直如詩如畫，印象非常深刻。

螢火蟲的成蟲英文叫 Fireflies，是鞘翅目（Coleoptera）內螢科（Lampyridae）的一種甲蟲。據香港昆蟲學會在 2010 年的調查報告，香港有 16 種螢火蟲，佔全中國已知的品種

約五分之一。而在 2011 年，則又發現了一種香港的獨有品種"米埔屈翅螢"。香港常見的螢火蟲是台灣窗螢，飛行的成蟲是雄性，腹部後端兩節有發光器；雌蟲只有翅芽，並不能飛，發出的螢光用來吸引雄性。螢火蟲幼蟲（Glow-worms）亦會發光，喜愛在潮濕的地方生長，以捕食小蝸牛和蛞蝓為生。50 年代粉嶺安樂村的清溪長滿青草和小蝸牛，無環境污染，是孕育大量螢火蟲的理想地方。在晚上草地化身為銀幕，螢火蟲在草地上飛翔，造成"一閃一閃亮晶晶"如詩如畫般的美景。

在 60 年代後期，新界畜牧業發展，農業廢料污染河溪，導致螢火蟲的天然食物消失，因此當時的安樂村已不見螢火蟲的蹤影了。幸好，在一些不受污染的偏遠河溪附近（如在大埔滘及林村等地區），仍可見螢火蟲出現。

名　　稱：台灣窗螢
英文名稱：Fireflies
學　　名：Lychnuris analis
所屬科目：螢科
特　　徵：雄性腹部後端兩節有發光器，喜晚上活動。

周邊樹木的 吸引

安樂村故居四周的樹木，給童年的我提供了各式各樣的活動空間：屋前的宮粉羊蹄甲，是孩子們在樹上乘涼及看書的好地方；直柱一樣的桄榔樹，讓我們學習如猴子般爬樹的技巧；鳳凰木每年 5 月左右會盛開深紅的花朵，蓋滿樹冠，如火焰般奪目燦爛，它結出來的果實是一種堅實的豆莢，長約兩呎，彎曲如刀形（俗稱"刀豆"），成了孩子們的天然玩具武器。

我們六兄弟姊妹在白桂木樹下的合照，前排中為本人。

在屋前右邊的空地，有一棵烏欖樹，高約 20 呎，在每年 8~9 月期間，欖果成熟的時候會由青色變成烏紫色，通知我們開心採摘的日子已來臨。那時，我們全家總動員擔梯爬樹，利用長竹竿把烏欖打下來，通常會有三大竹籮的收穫。採摘後，便安排送給各親朋戚友。大人們把剩餘的烏欖放入大鑊以適度煮熟，拿出來冷卻一會後，教孩子拿取一些線，用口咬住一條粗線的一面，用手再把線的另一端在烏欖果的中間繞一個圈，然後用力拉緊，把欖肉割開，用雙手把兩邊的果肉扯開壓扁，便成為兩片三角形的欖角。隨後加少許鹽，再把欖角曬一下，以便日後易於儲存。除欖肉之外，烏欖核也可以用鎚打開，裏面藏有肥美甘甜的白色欖仁，非常可口。

另外在故居的荔枝果園，每年荔枝成熟時，也帶給我們不少歡樂，摘荔枝又有另一番樂趣。

在清溪隔鄰，有一個被荒棄的果園，種有數棵白桂木。白桂木有乳汁，是香港及南中國的土生品種。雖然名叫白桂木，樹身卻不是白色，在樹幹部分表皮剝落後，顯露出典型的紅色內層。

名　　稱：白桂木
英文名稱：Hong Kong Breadfruit
學　　名：Artocarpus hypargyrea
所屬科目：桑科
特　　徵：樹幹表皮剝落後，會露出隱藏的紅色內層。

成熟的桂木果帶鮮黃及橙色，
外形像麵包。

每年 8~11 月間，是桂木產果期。桂木果很獨特，沒有固定形狀，幼果有時看似餅乾或棒棒糖；成熟的果實，形狀有些像豬腰或梨子，加上樣子和顏色都像是剛出爐的麵包，所以又稱為"麵包果"。

桂木果直徑約 5~6 厘米，沒有果殼，表皮成長時由青色轉變為鮮黃色，熟透時變成橙色，果肉呈橙紅色，酸中帶甜。除了可以當作新鮮生果食用外，把桂木果採摘回家，與子薑、仁稔一同切粒，加上少許麵豉，蒸熟後作為小菜，可口之餘更非常開胃。還記得當年在桂木果成熟時分，不少黃蜂也前來覓食，我們摘果時便要步步為營。

可能因為白桂木的經濟價值不高，在現今一般的果園較少有，年輕一輩更少聽過麵包果。其後我在郊野公園找到白桂木，曾苦候並拍攝其結果過程。這在香港及南中國土生土長的特色品種，總教我回想起當年情景。

白桂木幼果果身形狀不規則。

摘荔枝的
樂趣與風險

安樂村的果園種有十多棵荔枝樹，每棵約 20 呎高。每逢夏季 7~8 月是荔枝成熟的時期，我和弟弟們近水樓台，往往不慌不忙地爬上荔枝樹，只挑選又大、又熟的荔枝來吃，更會坐在樹上一邊乘涼、一邊享受美食。小時候的我們較頑皮，曾小心地剝開掛在樹上的荔枝果，取出果肉吃掉，再把果皮的裂口撥回原處，使空果看似完整，令後來者誤以為是真果而採摘呢！

採摘荔枝時，常遇上兩類風險，第一是遇上俗稱"臭屁辣"的荔枝蝽象。牠們是荔枝樹的主要害蟲，受到騷擾時，會從後腳的基部，即腳與身體的交接處射出一道臭液，射程可達二呎之遠，臭液會把人們的皮膚或衣服染成金黃色，如被臭液射中皮膚而沒有立即抹掉，感染位置會變成深啡色，需經

荔枝蝽象受到騷擾時，會射出一道臭液。

一段時間脫皮後，才可回復正常膚色。如不幸被臭液射中眼睛，會引致眼部不適及流淚。

摘荔枝時倘若不留神，便有可能遇上另一個風險——果馬蜂。摘果時若觸摸到隱藏在葉間的蜂巢，會被果馬蜂刺螫。有一次，當我爬到樹上 10 呎高的位置摘荔枝時，右手繞過樹葉想把樹枝連果實拉近自己，被樹葉遮蓋視線，不察覺地用手拿着一個果馬蜂巢，於是羣蜂飛起追刺，我連忙急速滑下，幸好沒有大礙。

採摘荔枝帶來的難忘回憶甚多。有一年荔枝豐收，我們幾個孩子分工合作，在樹上的孩子負責把部分樹枝連果折斷（取果時可以同時修枝，以刺激明年的新芽生長，一舉兩得），拋下地面，由在地面的同伴接着。

名　　稱：果馬蜂（俗稱 "蟻仔蜂"）
英文名稱：Paper Wasp
學　　名：Polistes olivaceus
所屬科目：膜翅目
特　　徵：肉食性，主食為毛蟲、花蜜、
　　　　　樹液和腐爛或過熟的果實。

那年在溪邊採摘時，有一兩束樹枝連果意外地跌入溪中，於是我便走入水深到腰間的溪水裏去取回折枝，誰知道在回程時，感到下身非常痕癢，用手探摸癢處時，竟然感到有一片軟軟潺潺的物體附着，於是用力除掉牠，拿在手中時才發現是一條血蛭（又名水牛蛭，俗稱"蜞乸"）（Buffalo Leech），牠在飽吃血液後身體可膨脹至 10 厘米。

當時我十分惶恐，急忙把牠拋回溪中。當時被血蛭咬到的傷口不住流血，需要家人協助消毒及止血，平躺 20 分鐘後才能起牀活動。雖然身為受害人，但我也不能不佩服動物細小如"蜞乸"，可以在短短數分鐘內，有效率地找尋寄主覓食呢！

果馬蜂的蜂巢只有一層巢室，因此數目會比其他黃蜂種類少。

養金魚的
小發燒友

定居安樂村後，父親買了一個二手的大魚缸，種下了我和七弟對養魚的興趣，我們更自己在花園遠處建造一個金魚池。

在家園旁邊的空地，我們遷入後不久便由一個別名"豆皮仔"的人開設了一個金魚場，用彎形的屋頂瓦片，建砌成各式各類的魚池，飼養着很多品種的金魚，如獅頭、虎頭、珠鱗、壽星公、黑牡丹、朝天眼和水泡眼，牠們的形態萬千、顏色豐富奪目，對於小小年紀的我及七弟充滿吸引力。於是我們兄弟倆把零用錢都花在購買金魚上。有空閒時，我們常常到隔鄰觀看金魚、聊天及學習一些養魚知識。

在環境的薰陶下，我們不知不覺對養魚的興趣大大增加，於是決定建造自己的魚池。第一個建造的魚池，是沿着溪旁挖深至地面以下兩呎的水池，用來飼養熱帶魚。

在大魚缸前的十一妹和十三弟。

水池越深入地下，水溫就越溫暖，有利魚兒過冬。興趣驅使我們日以繼夜地挖建及工作，在晚上也挑燈夜建、用火水燈照明來趕工。還記得有一個晚上，七弟一不小心，把火水燈打翻，灼傷了我的大腿，疤痕歷

我至愛的金魚品種——水泡眼。

久不消，這個持久的回憶記念着當年對養魚的熱情。

　　魚池很大，長約八呎，闊四呎，水深三呎。魚池建成後，我們急不及待地放進一些紅劍、青劍、黑摩利及鴛鴦等熱帶魚。看着牠們游來游去、互相嬉戲，心中感到十分舒暢，總算沒有枉費我們多日的努力。數天後，我們發覺池裏的水及魚突然全部消失了！原來在池底主管放水的木塞不知為何自動脫離，魚兒便隨着水管流進溪裏。我和七弟也只能看着溪水歎息，明白到我們兩個“天才水泥匠”的不足之處。

豆皮仔飼養着不同品種的金魚，包括（由左至右）虎頭、珠鱗和獅頭。

捕獲水蚤的教訓

水蚤有趨光性，隨光線而集結舞動。

吸收了建造第一個魚池的教訓，我和七弟從屋子附近拾來一些斧頭形磚塊，在花園的一角，另外建造了長約六呎，闊三呎，水深二呎的魚池，用來飼養"精品金魚"，實質希望能夠暗暗地與鄰居豆皮仔一決高下。為了了解對方情況，我們有一次悄悄地踏單車跟蹤他，看看他在哪裏及採用何種方法來捕捉飼養金魚的水蚤及紅蟲（又稱棉花蟲）。

那天是一個星期六的下午，我和七弟踏單車到聯和墟以東的水畦菜田，模仿豆皮仔用長布袋、在水坑捕捉水蟹，結果大有收穫。於是，我們把捉回來約一斤的水蚤都放進大魚缸，全部奉獻給精挑細選的金魚享用。晚飯後入夜時分，我們倆還是不願離開，再三觀賞魚兒進食水蚤的美態，天黑了便用電筒照看。想不到原來水蚤有趨光性，牠們隨着電筒的光線而集結，組成一條約 2 呎長的紅龍，左右舞動，煞是好看。

我和七弟懷着興奮的心情去睡覺，對於能夠"戰勝"豆皮仔充滿信心。豈料翌日起牀後，發覺全數金魚反肚而死。這才知道金魚的習性是會不停張口進食，沒有"飽"的知覺，結果牠們飽死收場，而我們倆便在苦中親歷揠苗助長的教訓。

被魚兒吃盡的水蚤屬甲殼綱內的鰓腳目，體形細小，有兩對觸角，前觸角為感覺器官，第二對觸角分叉，用來拍打游動。水蚤主要攝食水中的浮游植物、有機顆粒及細菌等。牠們是淡水生態環境中之初級消費者，是魚類及水生昆蟲的重要食物來源。水蚤體內含豐富蛋白質、脂肪與纖維，可增加魚體的豐滿度，是理想的活魚糧。

隨着時代的轉變，新界市區化以及菜場採用噴灌方式經營，令水畦菜地大量減少，水蚤在現今香港很難找到，相信要捕捉一斤重的水蚤已絕無可能了。

名　　稱：水蚤（讀音"水早"）
英文名稱：Water Fleas
學　　名：Daphnia sp
所屬科目：甲殼綱鰓腳目
特　　徵：體長約 2 毫米，有黑色複眼及兩對觸角。

收集棉花蟲的秘密

棉花蟲會互相纏結，聚合成厚塊。

50 年代用來飼養金魚的活魚糧，主要是水蚤和紅蟲。紅蟲分兩種，當年市面上可買到的紅蟲是屬水蚯蚓類的棉花蟲，而現今在香港見到的紅蟲，則屬昆蟲類的血蟲，當時還未流行。

棉花蟲與在陸上的蚯蚓同屬環節動物門內的寡毛綱（Class Oligochaeta），牠們的身體有分節，頭部不明顯，並且雌雄同體。棉花蟲生長於河底泥面或有機質含量高的水池中，吸食沉澱物。牠們通常體長 2~3 厘米，也有一些內地品種，可長達 8 厘米。牠們的血液裏含有高量血紅蛋白（故體色為紅色），有助在缺氧的環境下呼吸，因此能夠在受有機物嚴重污染的地方生存。

那次七弟和我跟蹤及觀察豆皮仔如何捕撈棉花蟲後，我們照辦煮碗地結了一個長袋形的捕撈網，用蚊帳布作袋身，亦準備了一個鐵桶來盛載收穫。我們踏單車到聯和墟與粉嶺圍村之間的慢流污水道，那裏有不少紅蟲在水底的泥面上活動。我們用捕撈網挖撈含有棉花蟲的污泥及有機物渣滓，然後把網袋在附近的清溪水裏搖洗，除去污泥，再把紅蟲和渣滓放進鐵桶裏，以便帶回家去。

鮮為都市人知道的捕撈竅門，就是怎樣把散存在有機渣滓中的棉花蟲收集起來，成為我們常見的一堆堆紅蟲？秘訣是要先把渣滓洗去浮面的污泥，放入一個不透光的容器，加進水，直至水面稍稍蓋過渣滓，然後在容器頂蓋上一個厚麻包袋。放置一個晚上後，棉花蟲就會乖乖地鑽到渣滓上面，聚合成厚塊，任由收採。

50~70 年代流行的棉花蟲，現在香港市面已沒有出售。由於新界市區化及衛生環境改善，棉花蟲喜愛的污染生長地大量減少，所以牠們在香港也銷聲匿跡了。

名　　稱：棉花蟲（俗稱 "軟泥蟲" 或
　　　　　 "大頭紅蟲"）
英文名稱：Common Sludge Worm /
　　　　　 Tubifex Worm
學　　名：Tubifex tubifex
所屬科目：寡毛綱
特　　徵：身體有分節，鬃毛少，無鰓。

飼養金魚的 血蟲

除了棉花蟲外，在香港用來飼養金魚的紅蟲還有血蟲。

50~60 年代期間，飼養金魚的紅蟲主要是棉花蟲，其後在 70 年代，新界觀賞魚業因海外市場需求殷切而發展迅速，適逢養雞業蓬勃，血蟲的至愛食料——雞糞的供應充足，不少農戶把水稻田改為生產血蟲，放入適量的雞糞於水田來飼養牠們。就這樣，血蟲急速冒起，漸漸取代了棉花蟲的地位，成為紅蟲之首。

名　　稱：血蟲（搖蚊幼蟲）
英文名稱：Bloodworm
學　　名：Chironomus sp.
所屬科目：搖蚊科
特　　徵：尾部有小塊狀的血鰓，血液中含有大量血紅素。

血蟲其實是搖蚊（Lake Midges）的幼蟲，屬雙翅目。血蟲通常生長於水塘、湖泊或水流緩慢的溪澗底部之泥濘中。牠們長有血鰓，在血液中亦含有大量血紅素以適應在缺氧的污水中生活。血蟲是濾性食者，通常以水中的穢物、有機物渣滓和一些微細水藻為食糧，是食物鏈中的基層，在淡水生態系統中佔重要地位。

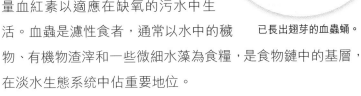

已長出翅芽的血蟲蛹。

血蟲在成長後演變為蛹，喜匿於隱蔽地方，仍會游動。蛹成熟後會浮上水面，蛻變為成蟲。成蟲搖蚊是細小的蚊蚋，雖然外表似蚊，但沒有蚊子用來吸血的刺針式口器，所以不會咬人。

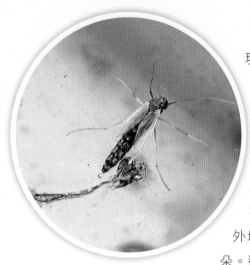

搖蚊待翅膀硬化後才能起飛。

搖蚊常在近水的地方出現。當大量蟲蛹蛻變為成蟲時，搖蚊便會羣集在水面飛舞。在 70 年代中期，有一次我和同事到一個鄰近血蟲田的菜場訪問，遇上大羣搖蚊出現，其中有些搖蚊竟然意外地撲進我們的口、眼及耳朵。這種"蚊多勢眾"的情況，可算是搖蚊的特色。

隨着新界地區城市化、80 年代內地改革開放及本地養雞業漸走下坡，香港已甚少人會飼養血蟲。同時受到人工飼料改良及處理較方便的影響，雖然一向有數間水族店售賣少量血蟲，但自 2011 年 7 月起，在香港已不見有活蟲供應了。據一些行內人描述，血蟲在內地及亞洲地區仍受歡迎，就如在東莞，有外省人用山坡地飼養血蟲出售；亦有日本人採用較先進的消毒儀器，把血蟲出口往日本。其實，比起其他活魚糧如水蚤及棉花蟲，血蟲的優點是比較易於飼養、處理、運輸及儲藏，是較佳的活魚糧。

照田雞的經歷

　　童年時在鄉村長大，很多在田園間的見聞及經歷都令人印象深刻，當年每天步行來回粉嶺火車站上學途經的馬路景色，至今仍歷歷在目。那時路面汽車往來不多，反而多見踏單車的人。由於晚上沒有路燈，在馬路的兩旁種有白千層樹（Paper Bark Tree），樹身白色，方便駕駛者在晚上辨認狹窄的馬路。

　　當年馬路兩旁均是水稻田，一年有兩次收成。當稻米接近成熟時，水稻變為黃色，在近黃昏的時刻，夕陽西照，加上微風輕吹，形成一片片金黃色的稻海波浪，搖曳生姿，美不勝收。水稻田除了構成美麗的風景外，亦帶給我一個難忘的"照田雞"經歷。

　　城市人常說的"照田雞"，是指相士在晚上用燈照着客人的面部來察看相貌，比喻在鄉間於晚上捕捉田雞的

路旁種有白千層樹，馬路兩邊均是水稻田。

蟲小時候出發

田雞的皮膚色澤隨着外在環境而變化，在室內燈光下轉為棕黃色。

情況。其實田雞是虎皮蛙的俗稱，牠們喜歡棲息於水稻田區，以昆蟲為主要食物，間中亦會吃小鼠和小蛙。當被強光照射時，田雞會閉上眼睛一動也不動，所以有人會在晚上用強光照射而捉拿牠們，故有"照田雞"之説。

有一個秋天晚上，居住於我們果園後面大宅、比我年長數年的"隸哥"領着我們幾個小孩，一同拿着電筒及小鐵籠到附近的水稻田"照田雞"。其實，"照田雞"需要相當技巧，例如要在相隔一段距離下，懂得辨別出田雞凸出水面的頭部（牠們部分身體可能浸在水內）。另外，當照着田雞後，要輕巧無聲地行近，以快而準的動作去捕捉牠們才能成功。當晚，我們最早見到的三數隻田雞，都因為大家不夠鎮定而讓牠們跑掉。工多藝熟以後，我們共捉到十多隻田雞。此外，在這個寧靜的晚上，我們不時聽到有點兒像是犬吠的響亮叫聲，原來是雄性田雞的求偶叫聲。

那一晚，當我們沿着田間的小溪步行時，發現淺水清溪中，有數條塘蝨魚伏在石上，似乎正在享受着"月光浴"，亦見到一條銀腳帶毒蛇在水中慢慢移動。原來這兩類動物都喜歡晝伏夜出：塘蝨魚在夜間活動，利用牠四對靈敏的觸鬚覓食，主要對象為小魚、蝦、蟹及水生昆蟲；而銀腳帶則捕食其他蛇類如水蛇及鱔魚等動物。在太陽下山後，晚上的田野，又會出現一個不為城市人所知的世界！

日落西山之後，昆蟲的世界又呈現另一番景像。

談及兒時"照田雞"的經歷，無意鼓勵捉殺田雞作食用，主要是記錄一些兒時趣事，何況田雞吃昆蟲如蛾類、蠅及蚊子，實是人類的益友。可惜的是，田雞喜愛的稻田因新界日漸發展而消失，而自由活動的田雞在香港亦日見稀少了。

名　　稱：虎皮蛙（俗稱"田雞"）
英文名稱：Chinese Bullfrog
學　　名：Rana tigrina nugulosa
所屬科目：兩棲類
特　　徵：體長 6～12 厘米，呈黃綠色或灰褐色，背殼佈黑點及棒形皺紋。

李園及
八角涼亭

安樂村故居花園的後面，是一個面積很大的園庭——李園。據說，李園由清朝時代一位李姓文官所建，他的十多名子女及不少孫兒，也居住在李園。其中孫兒的年紀與我們兄弟們相約，所以大家時有交往。

李園有三座主要建築物，其中一座是長方形的主樓，為兩層高的半古式建築物，樓宇很大，地面那層中間有約為一個籃球場般大的長方形活動空間，天花高至屋頂，有天然光線從上方透入，中央擺放了兩張乒乓球桌，我們孩童時代也曾在那裏打過乒乓球。

涼亭後種有一棵大樹冠的仁稔樹。

第二座建築物，就是一個兩層高的八角涼亭，並有一個闊大的八角形魚塘圍着涼亭外周。一種名叫爬牆虎（Diverse-leaved Creeper）

的攀援植物覆蓋着涼亭的外牆。整個組合非常優雅、高貴及古色古香，尤其是那藤本的爬牆虎，它在夏天長有燦爛的綠葉，秋天則改掛美麗

初秋的爬牆虎已沒有夏天的茂綠，有些葉子正在變為紅色。

的紅葉，在冬天時葉子自然脫落，以另一新面貌出現。不少人欣賞涼亭的美麗設計，當年好幾套著名的古裝粵語電影（包括《紫薇園的春天》）都取景於這八角涼亭。

　　圍着涼亭外的八角形魚塘，是小孩子的生物樂園。在夏天，池水半滿又保持清澈，間中可以看到生魚（Snake Head）。生魚的學名為斑鱧，頭部形狀有點兒像蛇，時常靜止在水中，有耐性地環顧四周，找尋獵物，喜歡捕食蝦、蟹、小魚、青蛙及昆蟲。有一次我們捕獲了一條呎多長的生魚後，興高采烈地帶回家，大人們看見了就嚴肅地警告我們："來歷不明的生魚，可能是化骨龍的變身，不慎吃進肚子裏，可能連骨都被化掉！"聽說，要驗明生魚是否化骨龍，只要把魚大力拍打在地上，看看有沒有兩隻爪腳伸出來便可。於是我們就讓大人們測試，雖然生魚沒有出現爪腳，但孩子們都沒有心情去品嚐這條生魚了。回首一想，這類坊間以訛傳訛的說法並沒有科學根據，容易誤導孩童。

分叉的淺色高樹是仁稔樹，可在西貢找到。

在冬天乾旱時，八角魚塘缺水，令池底顯露。有一次，我們拿着帶彎形根頭的長竹竿，向池底泥面漫不經意的鋤了幾下，居然有一條長約 8 吋的泥鰍魚彈跳出來，這意外的收穫令孩子們都非常雀躍。泥鰍魚是海南泥鰍（Paddyfield Loach）的俗稱，這些魚體型修長，身上長有細小鱗片，能利用其靈敏的觸鬚，找尋淤泥中的底層生物及沉積的有機物體維生。

與涼亭相隔不遠處便是李園的第三座建築物，是一座兩層式的樓宇。屋旁種有一株非常高大的仁稔樹，高約 40 呎。夏天時，我們被邀請到那座樓宇的屋頂上，用長長的竹竿把仁稔果打下來，收穫很不錯。仁稔，又名"人面子"（Yan Min），果實呈扁球形，直徑約 2 厘米，果肉極酸，但若把果切粒，加入子薑及麵豉蒸熟來做開胃小菜，食慾可加倍呢！

人面果去了果肉之後，其內裏的核像一個個骷髏頭，因此名為"人面子"。

第二篇　愛上"捉蟲"的工作

對生物的濃厚興趣，影響了我在學業及事業上的取向。當年就讀大學時，選擇修讀生物學而非其他專科，漸漸地為自己的人生路向定位。畢業後，很自然地希望能夠從事一些可以應用生物知識的工作，同時亦把握繼續研究生物的機會。

能把興趣和專業結合起來並不容易。然而，工作壓力和生活限制並沒有阻礙我在人生方向上的堅持，由一個樂於活在鄉村田野的孩童，到成為香港第一名擔任漁農處處長的華人，我和大自然的生命已合而為一，退休後的今日，仍樂在大自然的懷抱中。

跳華爾茲的
植物標本

　　1962 年在香港大學生物系畢業後，隨即加入中文大學的
崇基書院，任職生物系助教，協助講師及教授們教學，根據已
定的課程，準備實驗室的標本及幫助同學們做實驗及學習生
物知識。在香港大學曾經教導過我的一位著名植物學家容啟
東博士，當時已加入崇基書院，並出任校長。容博士在百忙
中仍抽空教授植物形態學，那時我就是他的助教。

在水畦菜田找到不停旋轉游動的團藻。

有一次為了實驗課程去尋找適用的植物標本，我從粉嶺踏單車到打鼓嶺的水畦菜田搜索。在帶有黃泥的水坑中尋尋覓覓，突然眼前景象奇異，有不少綠色的圓點在水面移動。起初以為是風吹動了一些小浮萍植物，行近後再靜心觀察，發覺這些碧綠圓滑、直徑約 0.5~1 毫米的珠狀物體，並不是浮在水面，而是在水中不停地自動轉動，就像是翠綠色的小玉珠在金黃色的水中有韻律地旋轉，恍如在跳華爾茲舞蹈般，頓時讓我想起上以前上中文課時學習《琵琶行》的詩句中"大珠小珠落玉盤"的意境；又想起在大學一年級時，從書本及實驗室中見過這一種球型的綠藻標本叫團藻（Volvox），形態與水畦內的綠珠藻類十分相似，於是便收集了一些水和標本拿回大學去。

翌日上課時，我拿出活標本交給容博士，他用顯微鏡看過後，十分興奮地對我說："李熙瑜，你做得很好，你找到我一生人從未見過的活生 Volvox 標本！以前我只能從書本上及

名　　稱：團藻
英文名稱：Volvox
學　　名：Volvox sp.
所屬科目：綠色藻類
特　　徵：由細胞組成的一個空心圓球型的羣組。

玻璃片上認識的 Volvox，今天見到真標本，很美麗，可説是大開眼界了！"得到博士讚賞，我感高興之餘，亦領悟到工作要成功，需要不辭艱苦及全情投入。

團藻，綠色藻類中比較進步的屬類，牠們是由 500~50,000 個獨立的細胞組成一個空心圓球型的羣組，由一些原生質的細小絲條物體互相連接，每個細胞都有一對鞭毛，鞭毛不停地有協調性地游動，目的是要把整個組羣移動到能夠吸收最多太陽光的地方，以便利用細胞的葉綠素來製造更多食物。每個團藻組羣都可以在體內孕育數個小羣體，待羣體成熟時，母體便會破裂，釋出小團藻羣體們來自行生活，把物種延續下去。

原來愛跳華爾茲的團藻，牠們美妙的旋動"舞姿"，被微生物學家們公認為是最吸引及迷人的生物景象呢！

"團藻"像翠綠的小玉珠，在泛着金光的水中有韻律地旋轉，恍如在跳華爾茲舞蹈。

愛上"捉蟲"的工作

與蛇
又愛又恨的
關係

離開生物系助教的工作後，加入當年市政事務署轄下的防治蟲鼠組，任職該組的副主任，直系上司是生物界人所熟悉的 Mr. John D. Romer（已故），當時他還沒有正式的中文譯名，同事們都叫他為"羅馬先生"。其後他在 1953 年於南丫島首次發現一種香港獨有的細小樹蛙，體長與人們的指甲相若，故以他的名字作命名（Romer's Tree Frog），樹蛙的中文譯名為"盧文氏樹蛙"，所以我亦隨着稱他為"盧文先生"。

盧文先生酷愛研究蛇類及蛙類的動物，在實驗室中養有不少活蛙及蛇，其中大部分的活蛙都是盧文先生在外地度假後帶回來的，同事們都不知道牠們屬於哪些品種。比較常見飼養的活蛇品種包括：蟒蛇（Python）（又名"緬甸蟒"）（Burmese Python）、三索線（Copperhead Racer）、紅脖游蛇（Red-necked Keelback）及水律蛇（Common Rat Snake）

盧文氏樹蛙的手指及腳趾末端長有吸盤，以便攀附在樹枝或樹葉上。

（又名"滑鼠蛇"）等。盧文先生養的蟒蛇比較年幼，他間中一邊與我傾談，一邊拿蟒蛇出來把玩。三索線的個性比較強悍，我們稍微走近，牠們便會快速地作出攻擊，常常撞到籠邊的鐵網而引致口部受傷流血。

名　　稱：紅脖游蛇
英文名稱：Red-necked Keelback
學　　名：Rhabdophis subminiatus helleri
所屬科目：游蛇科
特　　徵：頸部有一片紅斑，鱗片有如龍骨般凸起的脊條。

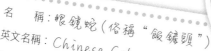

名　　稱：眼鏡蛇（俗稱"飯鏟頭"）
英文名稱：Chinese Cobra
學　　名：Naja naja atra
所屬科目：眼鏡蛇科
特　　徵：成年蛇身長1.2米以上，頸部皮摺起，可以向外膨起，含毒液。

愛上"捉蟲"的工作

盧文先生身體上有一個明顯的特徵，就是他右手的中指較為肥大、屈曲及不能靈活伸縮。據他說，那是因為以前給眼鏡蛇咬過所致的。

　　有一次，一位任職新界首席醫官的西籍人士在其大埔滘家裏發現了一條眼鏡蛇，他把蛇生擒後，送給當時在香港大學辦公的盧文先生作研究。盧文先生收到蛇後，發覺牠的身體骯髒及有繩繫頸，於是把牠拿上天台，用水喉水替牠沖洗，並嘗試替牠解開繩索，偶一不慎滑了手，給眼鏡蛇咬了一口。幸好當時有一位同事在場，立即背負盧文先生，用車送往瑪麗醫院急救。據聞，當值醫生因沒有處理毒蛇咬人的經驗而不知所措，幸好盧文先生仍然清醒，能夠自己選擇抗蛇毒的血清讓醫生注射而獲救。然而自此之後，盧文先生並沒有遠離或懼怕蛇類，足見他對蛇類的喜愛程度。

大埔滘現時有一條自然教育徑讓市民能接觸大自然。

打蛇是否
隨棍上？

　　盧文先生告訴我，自從被毒蛇咬傷後，他便對那些抗蛇毒血清非常敏感，所以不能被毒蛇再咬，因為一旦注射抗毒液血清時，他便會因為對血清過敏而死亡，故此他不能夠如同以前一樣，率領捉蛇隊為市民服務。他極力遊說我參與義務捉蛇的任務，代他率領約 10 名義務捉蛇隊隊員。這些隊員都是防治蟲鼠組的助理及科文職員。盧文先生的誠意令我感到義不容辭，於是便毅然答應了。

60 年代的捉蛇裝備。

談到捉蛇，自然會想起中國人經常掛在口邊的口頭禪——打蛇隨棍上。究竟打蛇時，蛇是否真的隨着棍向上爬呢？身為捉蛇隊的隊員，採用的是西式捉蛇方法，我的答案當然是否定的，因為我們是依靠兩支特別設計的木棍來捉蛇。

盧文先生安排的捉蛇隊設備，包括最主要的兩支 T 形棍（簡稱 "T 棍"）、一對長膠靴、一對手套、一把短柄斧頭、一個大電筒、一條厚管壁的膠喉、一個紅色布袋以裝蛇用以及一個長臂鐵鉗。

"T 棍" 的設計特別，棍身長約五呎，垂直一邊是長約 8 吋的小木棒，形成 T 狀棍，短棒向外的棒面，用有坑的膠片蓋着，有防滑的作用。長棍的柄安裝了數個有圈的螺絲釘，可讓一條堅實的皮繩通過，直到短棒的位置時便留有一個皮圈套。這個皮圈如同美洲牛仔捕捉或馴服野馬的情形一樣，每當捉蛇隊員遇上發惡而把前身豎立起來的毒蛇，如眼鏡蛇或過山烏時，便可用這圈套，從上而下地向蛇頭拋去，拋中蛇頭後，便拉動近身的皮繩令圈套緊繫蛇身，再把蛇按在地面，繼而用斧頭在蛇頸後斬首，以策安全。

另外，厚管壁的膠喉是用於捉蛇人員意外地被毒蛇咬傷後，以膠喉紮緊手臂或腳部，用以減慢蛇毒攻心。

至於對付其他的蛇類，主要是用一支 "T 棍" 把蛇按在地面，再用另外一支 "T 棍" 按在蛇頭的近頸部位，令其頭部動彈不得而不能噬咬。如果是無毒的蛇，可以隨即用手從棍後、取蛇頸的位置來捉拿牠，緊握一段時間，使該蛇疲倦無力，再放入蛇袋內把牠生擒。如果是毒蛇，就在"T棍"後蛇的頸部位置用斧頭把牠砍斬，但是絕對不能在棍前近蛇頭的那方砍斬，否則蛇頭有可能飛離蛇身，傷及旁人。

據知，防治蟲鼠組的義務捉蛇隊於 70 年代後期已解散。為市民捕蛇的工作交由警方負責，他們以合約形式轉聘蛇舖的專業人士執行捉蛇任務。為義務捉蛇工作而特設的"T棍"等設備已成為半世紀前的歷史文物了。

捉蛇隊隊員學習使用"T棍"的情景。

愛上"捉蟲"的工作

難忘的
捉蛇經驗

　　成為捉蛇隊隊員，首先要學習認識香港主要的毒蛇，以便捉蛇時能容易判斷當時應該生擒或當場砍殺。其次便要學習熟練使用"Ｔ棍"及鍛煉捉蛇的技術。當年的訓練場地是以前的政府大球場，首先把蛇放在草地中央，讓受訓的隊員逼近牠，實習使用"Ｔ棍"將牠按在地上，再用另一支棍壓近頸部，然後用手在頸部把牠生擒。我們主要採用水律蛇作訓練，其無毒的特性、強健體型及敏捷的動作有助隊員熟習捉蛇工

1963 年捉蛇隊的部分成員在舊政府大球場鍛煉捉蛇技術。

作。另外，亦有選用先脫去毒牙的眼鏡蛇或過山烏，以實習捉拿在發惡時把前身豎立的蛇類。接受過兩次訓練後，我便隨時候命出發。

正式捉蛇的機會很快便出現了。1964 年，香港被一個名為黛蒂（Typhoon Dot）的強烈颶風吹襲，卸下颶風信號當晚，我收到警方來電，急召前往淺水灣捉蛇。我立即拿取捉蛇工具，前往該地。那裏是一所獨立式豪宅，屋前長滿青草的山坡上有一棵樹，一條青竹蛇橫躺在樹枝上，離地約兩呎。因山坡濕滑，我請求兩位在場的年青警員協助拿工具上斜坡，豈料他們面有懼色，不約而同地退了兩步，幸好那屋主自動請纓，幫我拿取電筒及一些捉蛇工具。當走近那條蛇時仔細一看，我嚇了一驚，原來那次情況非常險惡：一、該青竹蛇的身體極其粗壯，令人難以置信；二、青竹蛇居高臨下，對於捉蛇工作十分不利；三、雨後的山坡非常濕滑，有礙捉蛇；四、青竹蛇躺着的樹枝橫懸半空，無法就此借力。在這些不利因素下，我以前所學的捉蛇技巧完全無用武之地！

我站在那兒盤算，無計可施，面對屋主狐疑的目光，不禁希望自己能夠遁地消失。我無可奈何地唯有鼓起勇氣，拿着 "T 棍" 撞向青竹蛇及樹枝，希望藉此用力把蛇和樹枝一併壓向山坡地面，豈料那樹枝和蛇受力時一同彈起，在場的人膽戰心驚。幸好那蛇只慢慢移動，沒有發惡跡象。我立即領悟到那蛇可能是吃飽了食物，以致行動受阻，於是用 "T 棍" 再

愛上 "捉蟲" 的工作

次騷擾牠。待牠的身體移離樹枝時，我敏捷地把 "T 棍" 按向蛇身，把牠壓在山坡地面上，跟着砍殺牠，把屍體放進蛇袋，屋主高興地豎起姆指以示讚賞。

翌日，我滿心歡喜地拿着 "戰利品" 回辦公室報告，盧文先生望了蛇屍一眼，拿出軟尺量度後，便沉着面孔對我説："You wicked man, you have killed the largest bamboo snake I've ever seen!" 縱使我是按着指引行事，盧文先生還怪責我不生擒那條他有史以來見到最大、長三呎多的青竹蛇，雖然他曾被毒蛇咬傷，但是他愛蛇如命的本性仍然溢於言表呢！

路過林蔭小徑時，要小心注意棲息於樹木中的青竹蛇。

青竹蛇兒口

青竹蛇雖喜夜間出沒，但日間行山者仍要小心。

青竹蛇是香港常見的毒蛇，身長可達 95 厘米，體色翠綠，尾部背面棕紅色，頭部呈三角形，眼睛瞳孔紅色。蛇眼與鼻孔間有凹孔，可透過凹孔的感應來找尋熱血動物。牠的獵物包括細小的哺乳類動物、雀鳥、蛙和蜥蜴等，我曾捉獲的青竹蛇就是吃了一隻大老鼠，令牠行動減慢而被擒。

青竹蛇喜歡夜間活動，棲息在樹上或長草叢間，常用長尾巴捲緊樹枝，可以在上面停留長時間，由於體色與綠葉相近，不易被察覺，路人在無意間碰上青竹蛇，可能會被蛇以為

名　　稱：青竹蛇（又稱“白唇竹葉青”）
英文名稱：Bamboo Snake / White-lipped
　　　　　Pit Viper
學　　名：Trimeresurus albobrabis
所屬科目：蝮蛇科
特　　徵：全身翠綠，尾部背面棕紅色，頭部呈三角形。

185

刻意騷擾而作出襲擊。在香港被蛇咬傷的個案多數是與青竹蛇有關，牠們攻擊快速而準確，被咬的傷口痛楚，並會引起腫脹，但很少致命，

常有人把翠青蛇誤認為青竹蛇，但翠青蛇其實是無毒的。

與民間流傳的想法不一樣。相信大家都聽過"青竹蛇兒口，黃蜂尾後針"的俗諺，一般人以為青竹蛇的毒液非常厲害。其實這類蛇的毒液只攻擊我們的血液，血液再生或通過輸血補充後可以康復，相對一些毒蛇的毒液會攻擊人類的神經系統，青竹蛇算比較溫和了。

青竹蛇很容易與另一個比較少見的品種混淆，那就是無毒的翠青蛇，牠們全身翠綠，沒有花紋，眼睛大而瞳孔黑色。這品種是夜行性，品性溫順，不會攻擊人類，以捕食蚯蚓、蛙類及昆蟲維生。

名　　稱：翠青蛇
英文名稱：Greater Green Snake
學　　名：Cyclophiops major
所屬科目：游蛇科
特　　徵：全身翠綠，沒有花紋，頭部呈橢圓形。

除了青竹蛇以外，捉蛇隊員還要學習辨認其他五種香港常見的毒蛇，包括眼鏡蛇、過山烏（又稱"眼鏡蛇王"）（King Cobra）、銀環蛇（俗稱"銀腳帶"）（Many-banded Krait）、金環蛇（俗稱"金腳帶"）（Banded Krait）及麗紋蛇（俗稱"珊瑚蛇"）（Macclelland's Coral Snake）。這五個品種的蛇同屬眼鏡蛇科（Elapidae）。牠們的毒性屬神經毒，很劇烈，人類被咬後可能在十多小時內死亡。這類蛇喜歡吞食其他蛇類、鼠、蜥蜴、蛙等動物。

　　此外，還需要知道的毒蛇品種也包括所有海蛇，全屬海蛇科（Family Hydrophiidae），最明顯的特徵是尾部垂直扁平，像魚尾般能靈活地左右搖擺游動。海蛇常被發現意外地纏住漁船的車頁，引致船隻自動慢下來，所以俗稱為"慢舨蛇"。在香港水域發現的"慢舨蛇"有六種，分別是海奎蛇（Viperine Sea Snake）、青環海蛇（Banded Sea Snake）、淡灰海蛇（Ormate Sea Snake）、平頦海蛇（Spine-bellied Sea Snake）、小頭海蛇（Slender Sea Snake）及長吻海蛇（Yellow-bellied Sea Snake）。

海蛇是漁民不想遇到的海中生物之一。

愛上 "捉蟲" 的工作

供應青蛙
源源不絕的美食

木箱特設有可上下開合的玻璃片，
以更換物料或蛇蛙標本。

　　盧文先生酷愛飼養蛇類及蛙類動物作研究用，在 60 年代位於中區政府合署西翼頂樓防治蟲鼠組的總部實驗室裏，備有鐵網籠及一些特設的飼養蛇或蛙類的木箱，四面都裝有金屬紗網作為透氣用，上方是斜面玻璃，方便觀察研究。這些具有半世紀歷史的飼養工具仍然被有關部門妥善保存。

　　餵飼蛇類的食物主要是小白老鼠。這些小老鼠主要由政府的病理研究所（Pathology Institute）供應，沒有短缺的問題。

　　蛙類的飼料幾乎都是家蠅（House Fly）。家蠅是一種非常普遍的蠅類昆蟲，在溫暖氣候的地方如香港，牠們繁殖迅速，成蟲產卵於垃圾中，幼蟲孵化後以垃圾為主食，成長後變為蛹，再蛻變成家蠅。家蠅雖然易找，但如需要捕捉數量相當的活生家蠅作為青蛙飼料，便十分困難且費時失事。究竟防治蟲鼠組職員如何能供應源源不絕的家蠅呢？

當年防治蟲鼠組中有一小隊稱為"昆蟲防治單位"，專門負責防治對公共衛生有害的昆蟲，包括蒼蠅、蟑螂、黃蜂、貓蚤及木蝨等。他們其中的一個日常任務，就是每星期到香港的大型垃圾池執行噴殺蒼蠅工作，防止蒼蠅為患或擾及民居。

這個特別單位設計了一個相當聰明的方法來供應實驗室蛙類對食物的需求。他們先選擇了近市區的大型垃圾池（如位於荃灣的醉酒灣垃圾堆填區），在每次噴殺行動前都保留一小片垃圾池面積，不施放任何殺蟲藥，等候下一次再到那裏時，先快速地從那片沒有施放蟲藥的垃圾堆中撿拾家蠅的蛹，然後才施噴殺蟲藥。因為所收集的是靜態的蠅蛹，易於運輸而極少傷亡損耗。更難得的是，當蠅蛹被放進蛙籠之後，因蛹齡不同，會分批孵化成家蠅，於是青蛙們便能每天享受到新鮮而供應不絕的美食。

盧文先生曾飼養的棕樹蛙（Brown Tree Frog），在港分佈廣泛。

愛上"捉蟲"的工作

鼠疫與洗太平地

　　加入防治蟲鼠組的初期，上司盧文先生在介紹該組的工作後，交了兩本檔案給我，叫我有空時詳細閱讀。這些檔案是記載 1920 年代前香港被鼠疫侵襲的情況，檔案的紙張特別黃舊，加上疫症發生時的恐怖情況，教人閱讀時有不寒而慄的感覺。

　　在人類歷史上，經歷了三次大流行鼠疫的災難。第一次大流行鼠疫追溯至公元 482~565 年，疫症源頭為埃及，其後蔓延至東非洲、北非洲、中亞細亞及南歐洲，在 50 年間取去一億人的性命。第二次大流行鼠疫在八個世紀後發生，於 1334 年在中國河北發現第一宗，擴散至該地並導致 90% 人口死亡（即 500 萬人），十分駭人。疫症其後在裏海及黑海附近出現，再擴散至埃及、意大利、英國、北歐。大

上環曾一度是鼠疫的重災區，但現今已找不着任何痕迹了。

部分的歐洲及北非洲地區都受到傳染。在這地區的一億人口中，有 2,500 萬人死於此症，到 1346 年後才消退，可見情況極其嚴重。

　　第三次大流行鼠疫發生於 19 世紀後期，源頭是雲南省，其後蔓延至貴州、廣西及廣東，再傳入香港。本港首宗鼠疫發生於 1894 年 5 月 8 日，在短短一個月內，已有 400 多人死去，單單在 1894 年，香港 25 萬人口中，死亡人數高達 2,500 人，為總人口百分之一。當時的重災區是上環太平山區，那裏大部分是中式樓房，人口密集而衛生條件極差，以太平山街的鼠患情況最為嚴重。在疫症高峰期的 5 月及 6 月，每天因逃避鼠疫而離港的人數達 1,000 人，導致勞工短缺及經濟嚴重損失。鼠疫輾轉蔓延至世界各地，在 20 年期間奪去全球共 1,000 萬人的性命。

名　　稱：黑家鼠（又稱 "屋頂鼠"）
英文名稱：Black Rat / Roof Rat
學　　名：Rattus rattus
所屬科目：鼠科
特　　徵：尾部比頭和身更長，擅攀爬上高處，在家居常見。

愛上 "捉蟲" 的工作

由於當時人類對鼠疫認識不深，一般人都認為這與家居衛生情況惡劣有直接關係，於是軍隊陪同衛生人員，在發生疫症的地區逐家進行檢查、清洗及消毒，漸漸演變為"洗太平地"。這個全港性的大清洗行動，由當局分區指定時間，每家每戶要清洗屋裏地面。政府早在街道兩旁放置盛載了消毒藥水的巨型水缸，戶主們要把牀板及傢具等搬出街外，放入水缸裏浸漂、消毒，然後將傢具放在路旁晾曬或風乾。衛生人員則入屋徹底檢查，直至滿意清潔情況為止。

我在 40 年代居住於灣仔聯發街的戰前樓宇，曾目睹三數次"洗太平地"的情況，當時還是小孩，不太明白箇中原因。在防治蟲鼠組工作後，感到當時的這些行動在除了針對防治鼠疫外，透過浸漂及消毒牀板，間接對於戰後初期木蝨為患的情況也起了一定的防治作用。

這次自 1894 年在太平山街開始的鼠疫，是香港歷史上最嚴重的災禍之一，疫症肆虐香港近 30 年，引致 21,000 多人染病，死亡率高達的 93.7%，數字驚人。幸好於 1929 年後，再無感染病例。這具有香港特色的"洗太平地"行動在 1954 年亦告一段落。

"電燈杉掛老鼠箱"

1960~80 年代，香港民間流行一句有趣的口頭禪，就是"電燈杉掛老鼠箱"。當時用來形容一對高矮懸殊的男女或夫婦，甚至連當年身材高大的港督葛量洪爵士及他矮小的妻子慕蓮夫人，也被人用這個俗諺來形容。

電燈杉為甚麼要掛上老鼠箱呢？其原因可追溯至 1894 年期間，香港被鼠疫（又稱黑死症）（Black Death）所侵襲，不少市民因受感染而患病或死亡。幸好一位法國細菌學家西蒙德醫生（Dr. Paul-Louis Simond）在 1898 年於亞洲工作期間，發現鼠疫的傳播途徑，證實黑死症是透過的印鼠客蚤（俗稱"鼠蚤"）傳播的。"鼠蚤"的身體左右扁平，以適應在鼠隻的體毛中穿插行走，加上牠們的後腳特長，方便以跳躍方式去找尋新寄主。"鼠蚤"的寄主是香港常見的兩種

掛在路旁電燈柱的老鼠箱，用來監控鼠蚤數目，防止鼠疫傳播及蔓延。

愛上"捉蟲"的工作

老鼠：黑家鼠（又稱"屋頂鼠"和"溝鼠"，又或"挪威家鼠"；Sewer Rat / Norway Rat）。

由於這些"鼠蚤"也會侵擾人類，亦會把黑死病菌從已感染的鼠隻傳播給人類，因此便出現老鼠箱的設置。老鼠箱的目的是讓市民把死老鼠放進去，待工作人員前來收集，一方面可以改善環境衛生，抑制病菌蔓延；另一方面是要監控"鼠蚤"的數目，一旦有黑死病出現時，可以第一時間得知在哪裏發生，以便及早集中資源儘快捕殺鼠隻及"鼠蚤"，防止鼠疫傳播及擴散。

以前設置的老鼠箱以鐵打造，成筒形，有蓋，外層塗上綠油，不少市民以為箱中放了消毒藥水，其實只是用火水來浸死"鼠蚤"，以避免發臭和吸引昆蟲。選擇把鼠箱掛在電燈柱上，是由於街燈平均分佈在市區各處，方便市民放入死鼠。最先流行的描述是"電燈杉"，而非"電燈柱"，相信是在 1910年代引進老鼠箱的計劃時，香港社會經濟仍未發達，所以燈柱是用木杉做成的，其後才用金屬柱取代。每個老鼠箱均有系統地塗上分區編號，如 H25、K30、NT35 等，分別代表香港、九龍及新界，方便直接追查問題源頭。

60 年代中期在防治蟲鼠組工作時，每天都有員工從港、九、新界各分處送來從老鼠箱裏的鼠屍身上收集到的"鼠蚤"標本及資料，以便分析及統計"鼠蚤"指數，作防疫參考。同時有小部分鼠屍被抽樣送往當年的病理化驗及研究所，進行解剖及監察鼠疫有否出現。

鼠疫從 1929 年後受到有效控制，而鼠蚤指數亦保持低企，政府在 70 年代後期，邀請世界衛生組織的專家前來香港檢討防治鼠疫的情況，根據專家的建議，毋須再用老鼠箱來監控鼠蚤及鼠疫狀況，亦可減省資源及改善市容，於是老鼠箱便完成長達 60 年的歷史任務，"光榮退役"。但"電燈杉掛老鼠箱"這句生動的描述仍然流傳於香港市民之間。

名　　稱：印鼠客蚤（俗稱"鼠蚤"）
英文名稱：Rat Flea
學　　名：Xenopsylla cheopis
所屬科目：蚤科
特　　徵：身體左右扁平，特長的後腳跳躍力強。

60 年代的
保育行動

　　1963~67 年期間，政府未有部門專責處理野生動物，防治蟲鼠組的盧文先生兼任香港動植物公園的顧問，因此很多被充公的動物，包括進口的或在香港非法捕捉的動物，都交給他處理。同事們也藉此接觸到不少平時難得一見的動物，如從外來貨船捕獲的蠍子（Scorpion）、豪豬和穿山甲等。

　　盧文先生的保育意識很強，除了正規的防治蟲鼠工作以外，我們按着環境需要，進行了不少自然保育的行動，主要是釋放野生動物回歸大自然。這些動物大致上可分為兩類，一是從政府其他部門在執行工作時沒收到的野生動物；另一類是我們在執行任務時所捕獲的或是市民交來對人類不構成威脅的野生動物。這些動物，我們都有指令要儘快把他們放回合適該品種生活的地方，達致自然保育目的。

　　第一類的野生動物包括穿山甲（Pangolin）。 穿山甲是香港野生哺乳類動物中比較難見的品種，他們身型細小，性格害羞，有長而闊的尾巴，全身披滿鱗甲，受驚時會把身體捲成球形來保護自己。牠們藏身於洞穴中，喜晝伏夜出，利用其具黏性的長舌伸進蟻巢來捕食螞蟻及白蟻。穿山甲雖然間中出現在香港新界的郊區，但屬罕見生物。

屬第二類的蟒蛇（Burmese Python）是常被捕獲而交來我們小組的野生動物。蟒蛇的蹤跡遍佈香港各區，不時被發現於農場及飼養了小動物的花園附近，因捕食或意圖捕食心儀的動物，如老鼠、小羊、兔子、雞隻或其他家禽而被捕。香港的蟒蛇最長可達六米，全身棕色，身上有不規則的深棕色斑紋，頭部有標槍形的花紋。

在捉蛇隊執勤時，最常遇到的品種就是水律蛇（Common Rat Snake），牠們身長可達 2 米，在香港分佈甚廣。由於牠們不是毒蛇，捉蛇隊員遇上水律蛇時都會生擒，並在遠離住屋的郊野儘快釋放牠們。水律蛇最愛吃老鼠，是人們的益友，把牠們放生，除了保育以外，還可以幫助控制鼠患呢！

為了保護野生動物，政府於 1976 年頒佈及實施《野生動物保護條例》。從那時起，豪豬、穿山甲及蟒蛇都納入受保護範圍。

名　　稱：豪豬（俗稱 "箭豬"）
英文名稱：Chinese Porcupine
學　　名：Hystrix hodgsoni
所屬科目：豪豬科
特　　徵：頸、臀、尾部長有硬刺，遇襲擊時會豎起硬刺，格格發聲以嚇退敵人。

愛上 "捉蟲" 的工作

另類的求職面試

在防治蟲鼠組工作的資深助理鄭先生，考到了另一個政府部門另謀高就，於是盧文先生招聘新人以填補空缺。初步篩選後，選拔了一位高大健碩、擁有四科高級理學科目及格、但未能入讀大學的預科生，安排他到總部作實驗室的測試。

測試分為兩部分，第一部分是要考驗應徵者用手輕輕捉拿一條約三呎多長的蟒蛇，來試試他對這類動物會否害怕。事前，盧文先生親自示範怎樣捉拿這蟒蛇，並安慰應徵者這蛇無毒及不會咬人，結果那年青人順利完成這測試。

第二部分就是請應徵者在一個放有 20 多隻大型蟑螂（採用的是美洲大蠊）的缸裏，捉拿一些蟑螂出來，放入另一個缸裏。年青人呆望了蟑螂許久也沒有行動，於是盧文先生再三安慰他，

測試之一是要應徵者如我一般，用手輕輕捉拿蟒蛇。

叫他不用害怕，並重申蟑螂是會不咬人的，鼓勵他放膽嘗試。過了好一陣子，年青人慢動作地放手進缸，試圖捉拿一隻蟑螂的長鬚，蟑螂有所感應，把鬚移動，萬料不到，這時年青人突然倒後大跳兩步，連我和盧文先生都大吃一驚。看看年青人時，發覺他面如土色，身體亦在顫抖。待他安定下來後，他解釋小時候他母親常用蟑螂來警告或威嚇他，要聽從大人吩咐，久而久之，他便對蟑螂非常害怕。這個測試的結果，教他感到這工作並不適合而知難而退。這個例子亦可為家長們帶來一些啟發：應小心採取適當的方法來教導孩子，處理不當時，可能有深遠而不良的後果呢！

在成功考入防治蟲鼠組工作前，我亦曾經歷同樣的測試。據知，後期的面試已取消捉蛇的環節，而徒手捉拿蟑螂的考驗，則改為在戴上手套後才可進行。

大型蟑螂除了測試應徵者的能力外，在家居出現時亦考驗住客的膽識。在香港家居常見的蟑螂（又稱蜚蠊，俗稱"甲由"）主要有分三種：美洲大蠊（American Cockroach）；澳洲大蠊（Australian Cockroach），體型和美洲大蠊相若，胸板有像太陽鏡形的大黑斑，左右翅膀的前側都帶有黃色的劍形斑紋；還有體型特別細小的德國小蠊（German Cockroach），前胸背板上有兩條縱帶斑紋。

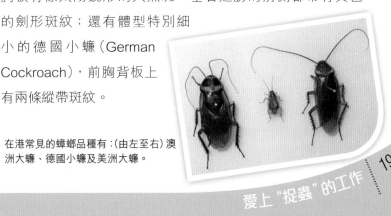

在港常見的蟑螂品種有：（由左至右）澳洲大蠊、德國小蠊及美洲大蠊。

愛上"捉蟲"的工作

打字機內的怪客

　　我在 1967 年中加入漁農處，負責農業昆蟲防治，工作地點是位於粉錦公路蓮塘尾的大龍實驗農場。70 年代初的一個夏天，我在寫字桌工作時突然聽到尖銳的叫聲，打字員梁小姐狀甚驚慌地在面前飛奔而過，我遂往外看個究竟。原來梁小姐在打字期間，想推動打字機轉行時（舊式打字機需要由左推右，才可再打下一行字），卻發覺打字機輾着不能動，於是她把頭移近打字機的空隙察看，在打字機裏突然出現不速之客 —— 一條小蛇正探頭而出！把她嚇得花容失色。

　　我發現那小蛇時，牠仍然匿藏在打字機裏，蛇的前身及頭伸出，似乎在好奇地探索外在環境。仔細察看後，我斷定該蛇並不是毒蛇，於是決定生擒牠。在這種特殊環境，我靈機一觸，借用捉蛇棍的原理，找了兩把文具木尺當做小型捉蛇棍。瞄準小蛇的上身，敏捷地手起尺落，把蛇按在打字機的平面部位，再用另

70 年代政府辦公室常用的大型打字機，
有空間讓小蛇匿藏。

一把尺在蛇的頸部按緊,然後用手生擒牠。在場的同事都鬆了一口氣,重展歡顏。

這不速怪客,原來是一條長約一呎多的小蛇,頭扁平成鏟狀,身形纖瘦修長,身體淺棕色,遍蓋網狀的小白紋。根據該蛇的特徵,推斷是一條比較年幼的白環蛇。這類蛇無毒,晝伏夜出,白天躲在掩蔽物下(這次是匿藏於用黑布覆蓋着的打字機裏!),喜食蜥蜴類動物,尤其是壁虎。相信這條小蛇是尋覓壁虎而誤闖農場的辦公室。

真想不到,離開了捉蛇隊伍數年後,在一個不可想像的特殊環境中,捉蛇技巧仍然大派用場呢!

名　　稱:白環蛇
英文名稱:Common Wolf Snake
學　　名:Lycodon aulicus capucinus
所屬科目:游蛇科
特　　徵:蛇身遍蓋網狀的小白紋。

愛上“捉蟲”的工作

留英研究寄生蜂

英國重要作物害蟲溫室白粉蝨，在華南地區及香港的農作物也常見。

在漁農處出任助理農業主任（昆蟲）實習一年後，我於 1968 年前往英國雷丁大學修讀植物保護碩士學位。除了要上課學習植物病理、農業昆蟲、農藥與雜草防治及基本統計學外，還要做實驗研究與寫論文，課程緊湊而濃縮。

在導師指導下，我選擇了"寄生蜂如何找尋牠的寄主——以麗蚜小蜂為特別例子"作論文題目。麗蚜小蜂是英國常見的重要作物害蟲溫室白粉蝨（Greenhouse Whitefly）的主要天敵，小蜂寄生於白粉蝨的若蟲體內生長。

當年為了這篇論文，除了要閱讀有關文獻，作出分析和討論外，亦要做實驗，探討究竟麗蚜小蜂如何找到牠的寄主——白粉蝨的若蟲。要養寄生蜂來做實驗，就要先養活白粉蝨的若蟲；要養若蟲，便要種植不同種類及年齡的作物，如煙草、蕃茄和肉豆等。在溫室種植的各項工作，如播種、灌溉以及在夏天來臨時，用石灰塗在屋頂的玻璃來降溫，每事都要親力親為。遇上假期時，大學校園關上大閘，我只能爬過圍牆進入溫室澆水。回想起來，過程相當艱苦，但亦是一個很好的磨練呢！

研究麗蚜小蜂如何找尋粉蝨寄主，要分析各種可能因素，選擇其中重要者，如濕度、植物寄主的氣味、糖分及顏色等，再想出方法來研究及找尋答案。當時設計了一些簡單儀器，用來測試小蜂對不同濕度、糖分（白粉蝨的若蟲會分泌蜜露）及不同植物汁液的喜好及選擇。另外，再採用簡單的設計，把小蜂放進瓶子裏，然後在瓶頂放上兩種顏色各佔一半的圓

名　　稱：麗蚜小蜂
英文名稱：Wasp
學　　名：Encarsia formosa
所屬科目：寄生蜂科
特　　徵：寄生白粉蝨蛹及若蟲，可以在溫室裏繁殖。

形透明膠片，讓小蜂二擇其一來棲息，共用了紅、黃、藍、綠四個主色做成六組兩色的配對供給小蜂選擇。試驗的結果用統計和圖解來分析。結論是小蜂對濕度及顏色有反應，牠們喜歡高濕度及紅色，喜愛的顏色大致次序為紅、黃、藍、綠。

　　這次學習的經歷，引領我認識生物防治和面對問題時如何找尋答案，亦啟發我日後回港時傾向採用非化學方法防治害蟲，以及其後做兼職博士論文時，着重昆蟲對光線的趨向性（例如對黃色）和反趨向性（例如對反光紙）方面的研究。在學習的過程中，往往帶來不同的體驗，當中親身的經歷尤其教人印象深刻，所學的知識能在生活及工作中應用，便達到學習的目的。

附 錄

附錄 1 觀蟲注意事項

觀蟲裝備

1. 數碼相機：以輕巧而設有近鏡（Macro Lens）為佳，方便拍攝昆蟲形態，採用小型的攝影器材亦可避免驚動小生物。

2. 小型放大鏡：易於攜帶，可以仔細地微距觀察昆蟲。

3. 小型有蓋膠瓶：可帶大小不一的容器，捕捉昆蟲作觀察用。

4. 紙質較厚的紙張：大約三兩片即可，有助促使昆蟲移離本位進入膠瓶後，在膠瓶口放上膠蓋。

5. 橡膠圈和一些紗布：紗布可預先剪裁成小塊，用來防止小昆蟲逃脫膠瓶，並保持足夠空氣流通讓昆蟲呼吸。

6. 小型的魚網：只適合一般休憩場地如公園使用，不可以帶捕網進入郊野公園。

7. 小型的通氣膠箱：用來放置小動物、或需要水或泥土生長的動物。

郊遊最佳衣着

1. 輕巧的膠底防滑運動鞋，避免穿涼鞋或露出腳部的鞋子。

2. 鬆身的長袖衣服及長褲子。

3. 輕巧的雨傘或雨衣，可遮掩陽光或雨水。

4. 透氣的帽子，避免陽光直接照射。

5. 易攜帶的手電筒，方便在陰暗地區照明。

6. 適量的飲用水。

7. 防曬用品。

8. 防蚊蟲用品，如藥膏或噴劑，以防蚊叮蟲咬。

9. 止癢或治理蟲咬的藥物。

注意！常見的有傷害性生物

黃蜂（Wasp）

黃蜂是肉食性為主的昆蟲，能多次刺螫以作攻擊，黃蜂巢可能藏匿於樹上、草叢中或枝葉後；被黃蜂叮刺後，傷口會腫脹、有灼熱感及痛楚。

毒蛾幼蟲（Urticating Caterpillar）及刺蛾蟲（Slug Caterpillar）

刺蛾蟲常匿於樹葉底下，毒蛾幼蟲體色鮮艷，身上長有接連毒腺的長毛，當長毛被碰斷，毒液會從長毛流出，通常在榕樹上出現；若沾染了毒蛾幼蟲的毒液，可引致傷處紅腫、灼熱和癢痛。

螞蟻（Ant）

一些螞蟻品種如黃猄蟻（圖中的黃猄蟻正圍攻一條昆蟲幼蟲）及紅火蟻，攻擊性較強，牠們數目眾多且移動快速；通常咬手、足部；被咬處有灼熱感，會疼痛及可能含膿。

獵蝽（Assassin Bug）

獵蝽有明顯的彎曲形刺針式口器，香港常見品種是黑色有黃帶或鮮紅色（如圖中的艷紅獵蝽）；常見於灌木叢中；倘若徒手捉拿牠們，會被刺痛。

青竹蛇（Bamboo Snake）

慣常伏於青綠色的植物或籬笆上，攻擊快速而準確；被咬的傷口會疼痛及腫脹，傷者應送往醫院治理。

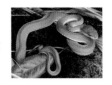

蜈蚣（Centipede）

體型大而扁平，頭部有一雙毒牙，通常藏匿於陰暗和潮濕的地方，如花盆底或磚瓦下；被咬的傷口疼痛及紅脹，嚴重可引發頭痛、發燒等症狀。

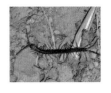

織錦芋螺（Textile Cone）

屬於香港及鄰近海域較常見的有毒芋螺品種，其美觀的外殼容易令人減低戒心；若在沙灘拾起活生的芋螺，有機會被刺傷；傷口部位會產生劇痛，痛楚有蔓延性，毒性劇烈，嚴重的可致命。

尋獲了小昆蟲，要如何處理？

1. 在自然世界尋尋覓覓，發現一些昆蟲喜愛匿藏於不當眼的位置，特別是貝類或淺海動物，有時翻轉石頭或磚塊才能找到牠們，所以觀賞生物後，要謹記把這些東西放回原處，讓自然生物的生態環境得以恢復。

2. 為免因為捕捉昆蟲而無意間傷害牠們，因此最好的觀蟲方法是就實地觀察和拍攝昆蟲形態，以便日後再細心研究或重溫。

3. 在有需要作詳細研究或教導用途的情況下，捕捉少量數目活生標本（受保護品種除外），需要小心處理。有些昆蟲壽命短或不適宜在非自然環境下生存，被捕捉後可能很快便死亡，亦有寄生昆蟲需要以牠們的寄主部分（如枝葉等）來餵飼。另外，一些喜歡花蜜的昆蟲如瓢蟲、食蚜蠅和蜂類昆蟲等，可以用稀釋的蜜糖沾在小棉花球上，再放入膠瓶裏餵飼牠們。在觀察、研究和拍照後，應該儘快把昆蟲放回大自然，並且選擇和原來生境相似的地點釋放牠們。

附錄 2 香港生物大觀園

香港有不少地區可以觀賞生物，對於初認識生物的孩子，以下地點較容易引起他們的興趣及適合參與。

優遊自然的尋蟲地點──市區居民容易到達的地方

1. 一般市區的休憩場地

在市區的休憩地，以近水溪或山坡更為理想，通常可找到的種類包括：昆蟲如蝴蝶、蟻類、蜻蜓、蠅及薊馬等；蛙類如黑眶蟾蜍、花狹口蛙及沼蛙等；軟體動物如蝸牛和蛞蝓等；鳥類如高髻冠、白頭翁及白鴿等。

2. 香港動植物公園

設有飼養籠，品種包括：各類哺乳動物，尤其是猴類品種；鳥類，如丹頂鶴、紅鸛、鸚鵡；及爬行類如盾臂龜等。野生生物包括：各類昆蟲如蝴蝶及蜻蜓；鳥類如麻雀及葵花鸚鵡；蛙類如沼蛙、棕樹蛙及黑眶蟾蜍；及小動物如小松鼠等。

3. 香港公園

設有炎熱乾燥環境的溫室，種植了各種仙人掌、外來品種(如鳳梨)、蕨類植物及食蟲植物；著名的大型觀鳥園飼有約 90 個南亞品種；戶外野生雀鳥有高髻冠、白頭翁等；蛙類則可以在水池旁找到；昆蟲如蝴蝶、蜻蜓、白粉蝨等。

4. 九龍公園

保存多棵高齡榕樹。另設有"百鳥苑"、"鳥湖"等設施，飼有紅鸛、孔雀等外地品種，並住了不少品種的雀鳥如高髻冠、白頭翁、白胸翠鳥、香港鳳凰等，還有數量較多的白鴿。昆蟲品種則包括蝴蝶、蜻蜓及蛾類，如榕樹的毒蛾等。

5. 各地區公園

在地區的公園，可發現的生物品種與一般市區的休憩地相似，其中有較多生態的地區公園有：

i. 荔枝角公園——設有"嶺南水鄉"分區，可見的野生雀鳥有鳩鳥、高髻冠、白頭翁及白鴿等，牠們常在水池的池水裏沐浴。

ii. 大埔海濱公園——附近設有"昆蟲屋"，展出昆蟲標本。可找到的野鳥包括各種鷺鳥、喜鵲、白頭翁、高髻冠和麻雀等。

iii. 屯門公園——設有"昆蟲屋"，展覽品除了昆蟲外，還包括蜥蜴、盾臂龜等，野鳥有小白鷺。

認真求知的尋蟲地點——較偏遠及需要耐力前往的地點

1. 嘉道理農場暨植物園

動植物品種非常豐富，設有多類展覽場地，如昆蟲展覽屋、爬蟲及兩棲動物館、淡水魚及水生昆蟲展覽屋、雞舍和豬舍（飼養品種有大花白）、蘭花保育中心、猛禽及鸚鵡護理中心。野生動物豐富，包括多種昆蟲，特別是蝴蝶及荔枝蝽象等；多種蛙類、爬蟲類、鳥類及哺乳類等。於夏秋晚上，在近水溪處可發現螢火蟲。

2. 西貢獅子會自然教育中心

設有"昆蟲館"及"貝殼館"；有特別設計的"蜻蜓池"供約 50 種蜻蜓棲息；"美果園"則種植果樹逾 30 個品種，包括人面子；而"標本林"則收集了很多香港首次發現的植物如香港茶等。較常見的野生昆蟲有蜻蜓及蝴蝶。

3. 海洋公園

飼有非常豐富、具有教育及趣味性的動物，不少為外國品種，如大熊貓、小熊貓、海豚、海豹、海獅及中華鱘等。水族館飼有海洋生物品種逾 400 種，包括鸚鵡螺和多種水母。戶外的展館有"百鳥居"、"紅鸛池"及"孔雀花園"，共飼養了 70 多個品種的鳥類。可見的野生生物包括喜鵲、蜻蜓及蝴蝶等。

4. 郊野公園

佔全港面積 40%，長有近千種植物，為野生動物的主要棲身之所，包括約 50 種哺乳類動物，如赤麂、猴子、豪豬、豹貓、野豬及穿山甲等；逾百種鳥類；約 100 種兩棲及爬行動物及約 6,000 多種昆蟲。

i. 香港仔郊野公園：設有遊客中心，園中有多棵白桂木樹，常見的動物包括喜鵲、了哥、麻鷹、穿山甲及松鼠等。

ii. 城門郊野公園：設有遊客中心，園裏"標本林"種植有 200 多種地區土生品種，包括首次在香港發現的稀有品種如葛量洪茶。

5. 貝澳

海灘貝類豐富，紀錄有過百種貝殼，另有招潮蟹、中國鱟等。昆蟲種類也不少，如蝴蝶、蜻蜓、蚜蟲、瓢蟲、天蛾、角蟬、蜻象等。並有發現蜘蛛和馬陸。

6. 大埔鳳園蝴蝶保育區

著名的賞蝶地點，可找到逾 200 個蝴蝶品種，包括 50 種不常見的品種，如稀有的裳鳳蝶和燕鳳蝶。區內植有果樹和其他農作物，並有不少昆蟲種類。

7. 大埔滘自然護理區

區內林木品種多及茂盛。野生動物品種多，包括各種雀鳥、蝙蝠、各種爬行動物如蜥蜴和蛇，多種昆蟲如蝴蝶、蜻蜓、竹節蟲、虎甲、螽斯等。夏秋時的晚上不難見到螢火蟲的蹤跡。

8. 米埔自然保護區

世界著名的鳥類保護區，有約 300 個品種出沒，是不少候鳥過冬地點，包括稀有的黑臉琵鷺，

濕地留鳥則包括小白鷺、大白鷺、蒼鷺、鸕鷀等。生物物種豐富，據知有逾 400 種昆蟲、18 種哺乳類動物、21 種爬行動物及 90 種海洋動物如著名的彈塗魚及招潮蟹等。

9. 香港濕地公園

設室內展覽廊，展出各種動物。戶外可尋找到的鳥類包括小白鷺、大白鷺、牛背鷺、鸕鷀、黑臉琵鷺、麻鷹等；哺乳類動物如蝙蝠、豹貓等；兩棲類有花狹口蛙、花姬蛙、棕樹蛙和沼蛙；昆蟲品種則以蝴蝶及蜻蜓較普遍；並有變色蜥蝪、彈塗魚及招潮蟹等。

10. 東平洲

於 2001 年劃為海岸公園，有豐富的海洋生物如多種石珊瑚及軟珊瑚、百多種珊瑚魚、無脊椎動物如海星、海膽、海參等。貝類動物也十分豐富，如鐘螺、寶螺、殼菜蛤、芋螺、笠螺、蜑螺等，還有海洋生物如藤壺和石鱉等。在多年前曾在沙灘發現藏於海綿體內的鳳凰蛤。

後 記

一切從緣分説起。

在 2007 年，兒子一家回港定居，無意間啟發了大孫兒對生物的濃厚興趣，孫兒的好奇心和眾多問題令我重拾對生物的興趣，並決定把多年來與生物有趣的經歷寫下來。寫作初期以 "生物緣" 為題，用以概括我從孩童時代起，至其後入讀大學及在不同職位的工作，都與生物或應用生物有關，同時亦標誌着爺孫倆在生物上結緣。

機緣巧合下，透過何渭枝先生（在此衷心感謝他）的介紹，認識商務印書館前總編輯張倩儀小姐。她用心聆聽我與孫兒的生物故事，給予有創意的建議，鼓勵我把啟發孫兒對生物產生興趣和互動的過程加入本書，其後在她離職度假期間，仍繼續參與及提供寶貴意見，使本書朝向有教育意義的方向，在此謹向她致以萬二分謝意。

爺孫倆一起研究和分享收穫，
包括我從未見過的活生標本，
如絨蟻蜂（Velvet Ant）。

　　其後，商務印書館各編輯更引進新思維，巧妙地重整本書內容次序，並建議加入一些可以幫助家長在香港尋找生趣的資料，配合原本有趣味性的生物章節，構成了一氣呵成並兼具親子、教育、益智及消閒於一身的書籍，同時起用了一個很別緻、有吸引力和貼切的新書名——《尋蟲記——大城市小生物的探索之旅》。在此我向他們由衷地致謝，同時亦感謝林婉屏小姐及譚欣翠小姐的悉心編輯及協助。

　　在撰寫本書期間，得到二哥錫瑜不斷的鼓勵、支持和協助，特別是提供在 1950 年代拍下的珍貴相片，活化了我童年的回憶及故事，十分感激。

　　郭兆明博士，"亞洲農業研究發展基金"主席，在我有寫書構思初期，已洞察本書會對現今物質社會有特殊教育意義，他強調本書會讓老、中、青讀者可以窺探生命的天趣，進而懂得尊重生命，敬畏大自然憲法的神性，並承諾購買送贈各地中文圖書館，他的不斷鼓勵和支持，令我非常感動和感激。

　　不少生物學家、大自然愛好者和學術機構曾提供寶貴相片和資料，使本書加添活力與色彩。在此，特向他們致以萬二分謝意：劉紹基先生、曾贊安博士、劉惠寧博士、韓思疇教授、馬錫成先生、袁銘志先生、陳堅峰先生、鄭鉅源先生、顏玲小姐、李穎瑜先生、李賢祉博士、張國樑先生、香港大學植物系、漁農自然護理署、鄭嘉成先生、何東緯先生、馬穎嫻小姐、林婉屏小姐、蔡枳音小姐。相片提供詳情如下表（以頁數先後排列）：

人名	生物名稱	頁數
馬錫成先生	竹節蟲	頁 10
	青竹蛇	頁 25, 185, 209
	蜉蝣	頁 31
	避債蛾	頁 37
	中華螳小蜂	頁 57
	榕透翅毒蛾	頁 58
	夾竹桃蚜	頁 61
	六斑月瓢蟲	頁 77
	28 星瓢蟲	頁 78
	黑帶食蚜蠅	頁 80, 207
	草蛉	頁 84
	果馬蜂	頁 155
	翠青蛇	頁 186
	裝飾圖	頁 205
	獵蝽	頁 209
李穎瑜先生	白頭鵯	頁 21
劉紹基先生	赭斜紋天蛾成蟲 果蠅	頁 46
	黃猄蟻	頁 89
		頁 208
曾贊安博士	荔枝蝽象若蟲	頁 48
	廣斧螳	頁 54, 55
韓詩疇教授	平腹小蜂	頁 51
鄭嘉成先生	虎皮蛙	頁 167
香港大學植物系	團藻	頁 174
劉惠寧博士	盧文氏樹蛙	頁 176
鄭鉅源先生	捉蛇隊隊員訓練	頁 181
	1963 年捉蛇隊隊員	頁 182
袁銘志先生	印鼠客蚤	頁 195
張國樑先生	白環蛇	頁 201

顏玲小姐	麗蚜小蜂	頁 203
漁農自然護理署	水律蛇	頁 96
	眼鏡王蛇	頁 98
	眼鏡王蛇幼蛇	頁 99
園藝農場	土場上的老鼠洞口	頁 94
	水律蛇爭霸之舞	頁 97
何東緯先生、馬穎嫻小姐、林婉屏小姐、蔡枳音小姐		其他圖片

此外，不少親友亦提供各式各樣的協助：如供應活生魚糧標本（陳鎮興先生）；支援田間拍攝（陳澤森先生、梁志彬先生、梁志健先生）；以及聯絡、文書、繪圖等（梁黎艷明女士、陳炳光先生、尹艷明小姐、李楊思端女士、李沛鎧先生、李嘉宜小姐、洪家耀先生、 Catherine F. Dario 女士等），特此向他們致謝。

我在寫作這書時，深深體會到"學而後知不足"的道理。生物的品種和數量多不勝數，據悉已知的昆蟲品種逾 180 萬，未知的相信為數也不少；已知的貝類品種也多於 18 萬。可以說，任何個別的生物學家，不論他有多卓越，所知的仍然有限。明白這一點哲理，我們更應該不斷學習和謙虛做人，這一心得，願與讀者們分享和共勉。

大孫兒現在已五歲多，爺孫的生物緣仍繼續。其實，城市人對"蟲"的懼怕是可以克服的，由於孫兒愛好生物，他的家人，包括外傭，也被薰陶而不再見"蟲"便逃走。孫兒三歲的弟弟更興致勃勃，以趣怪童言説："我負責搵飛飛的東西"，意思是他個子雖小，但眼力強，可在尋找飛蟲時出一分力。於是，他們有暇時便在屋苑附近的空曠園地散步，並隨意的進行"尋蟲"短旅程。他們的父母親亦因此多了與兒子一同到戶外遊樂的時候，增添不少愉快的親子活動。

最後，希望這本書得到讀者們的接受和喜歡，並祝願有興趣的家長們能達成及享受他們的"尋蟲"親子之旅。